超简明技法图解事典

料理摆盘

20 种基本食器运用示范 · **6** 大基本技法大拆解

La Vie 编辑部 著

河南科学技术出版社
· 郑州 ·

料理摆盘
超简明技法图解事典
目录

煎
Pan frying

炒
Stir frying

炸
Deep frying

烤
Roasting

炖煮
Stew

蒸
Steaming

冷盘
Cold dishes

点心
Dessert

Part
01
重新定义饮食美学
7 大名厨的摆盘哲学

从摆盘开始，
来场华丽的料理视觉新体验！

认识料理摆盘

在动筷之前，必定会先锁定想要夹取的目标，其次才是将它吞食入肚。我们对于食物的注目，总是优先于吃下食物之前。从昔日的"吃粗饱"到今天随着养生与精致饮食观念的兴起，摆盘的设计逐渐变成了餐饮职人们不可不修的一门学问。妥善经营餐盘里的布局，计较的不只是"让食物变得好看"这件事情而已，借由摆盘激起观看者的食欲，或是呼应料理的精神有时也是料理摆盘背后的原因。

隐藏在摆盘设计背后的思考脉络，除了视觉的注目之外，同时也包含了健康饮食的实践。一道美丽的摆盘，在视线与料理第一眼接触上的同时，便先行铺陈了饕客愉悦的食用心情。援

引了西式料理的套餐经营，分量小但道数多的料理出餐形式，有意地抑制了过度饮食的用餐旧习。食用完毕之后，仍有余腹缓想料理的美妙后韵。

满足味蕾，并填补饕客对于视觉快感的渴求，是料理摆盘的基本精神。但料理摆盘的技巧并非高不可及，只要掌握几个关键原则，简单普遍的家常料理，也能化身成为精采耀目的桌上精品。摆盘的设计涉及的是对于美感的消化与运用，未必具有对错，但也并非毫无原则与秩序的把握。

食材与食器的对话

料理的摆盘，可以说是食材与食器的对话，可以依照自己的偏好去选用食

器，但也别忘记考量料理与食器之间的对应关系。若先设定好想要呈现的摆盘风格，再依此选用合适的食器，并调整烹调的方式，也会是一种料理的思考方向。

更进阶的摆盘方法，则可针对整体用餐情境进行设计。从宏观的角度来检视整体料理的情境设定，摆盘也可与情境环境相互呼应或成为一种故事性的述说方式。

摆盘设计如同是场创意的冒险；除了食材与食器的思考之外，更重要的是摆盘技法的掌握。因应不同的主题与料理，使用的技法也会产生变化。

食材的"切割"能够改变食材的外观与造型；"堆叠"则可带来层次与立体的高度；透过模具"塑形"可在盘面留下变化万千的特殊造型；"画盘"的设计常会产生画龙点睛的视觉效果；想要固定食材，怎可错过"绑结"所呈现出的巧思创意；"食材作为食器及镶填"则可带来用餐时的惊奇与丰富口感。

本书接续 2013 年出版的《料理摆盘入门图解事典》的名厨示范与多样变化，更进一步分析解说各种基本技法与食器的运用。只要活用摆盘的技法，每个人都能在生活中寻找到属于自己的摆盘灵感！

台菜料理不能忘本，兼顾香气口感与视觉呈现才是正道！

麟手创　邱清泽主厨

开设于宜兰的新台菜餐厅"麟手创"，由宜兰渡小月餐厅老板陈兆麟所开设。陈兆麟可说是宜兰最著名的总铺师，曾担任过国宴主厨，将传统的台式办桌菜转化出精致新意，更是陈兆麟不断努力的方向。麟手创的店名便是取自老板陈兆麟的"麟"字，麟的中文发音，可联结到英文的 link、日文的忍，以及台语的悠。象征了陈兆麟希望透过料理，与人们进行联结的深刻蕴意。

在这样的概念下，陈兆麟选择了连年参加世界厨艺邀请赛，并请于 2010 年赢得国内厨艺竞赛总冠军的邱清泽，来担任麟手创餐厅的主厨。身为宜兰在地农家子弟的邱清泽，16 岁就开始掌勺，过程中虽然历经各种艰辛，但最后还是坚定了他在料理路上的步伐，并展现出对于传统台式料理的创新风貌。

根据多年比赛所累积下来的经验，邱清泽对于所谓的新台菜料理，具有相当程度的了解。他发现，台菜的料理摆盘，在五六年前与新加坡或其他亚洲国家相比，确实是有许多不足之处。但随着比赛交流的日益频繁、国际化视野的慢慢

❝ 不能因为摆盘 牺牲料理的口感 ❞

开阔，现在的台湾料理，不论是口味或是精致化的程度，都已具备和国外餐厅一较长短的实力与创新能力。

无负担的精致饮食，掌握料理分量
传统的台湾料理遵循的是"办桌菜式"的大盘炒制，食物满盛的快意饮食，常不自觉地让人愈吃愈多，却造成了身体的负担。对邱清泽而言，台菜精致化的背后思考，其实不应直接从摆盘开始，反而是要先建立养生、轻食的概念。想要建立精致的饮食文化，首要的第一步便是掌握料理的分量，不求每道料理都要吃得饱满，而可以增加料理的道数，累积出用餐的饱足感。

因应摆盘设计，调整烹调方式
其次，台湾料理的精髓在于它的口味，维持传统的台菜口味是大前提，想表现出精致的摆盘，就需要调整料理的方法。举例来说：卤猪脚可能就要先去骨，并加入不同层次的肉馅，最后再将猪脚放入模具中卤煮。若只看到最后的摆盘设计，却忽略传统料理的口味与香气，会是一件可惜的事情。

干净大方的摆盘呈现，自然激发饕客好食欲
思考料理的分量与烹调方法，才能兼具台菜的口感与美观。一人份的料理，只要摆放三四口的分量即可，不要让食物填满整个食器。这是因为摆盘的设计看起来一定要干净，可刻意加入部分的留白，营造出视觉上的纯粹感。食器的使用可依个人喜好搭配，但一般来说，白色的餐具还是最容易入门搭配的食器色彩，因为不仅能够衬托食物，摆盘画面也比较干净。

但每件摆盘都有它的主角，不可喧宾夺主。若只是为了强求精致的外观呈现，却牺牲了台菜的基本口感，反而是本末倒置料理的根本精神。

摆盘的基本在"减法"

西华饭店 KOUMA 日本料理 小马
和知军雄料理长

位于台北西华饭店地下一楼环境优雅而隐密的"KOUMA 日本料理 小马",料理长和知军雄是这里的掌舵者,他擅长运用每日的新鲜鱼获结合台湾当地的季节食材,交织出令人感动的梦幻创意料理。有别于一般厨师多半在 18 岁即开始学艺,28 岁才入行的和知军雄自知起步晚,便因而付出双倍的用心投注于学习料理中。

**与日本米其林厨神
学艺五年的星级手艺**

师承日本东京米其林三星主厨神田裕行的星级手艺,有人更形容和知军雄仿佛是神田在台湾的替身,每当介绍他时总免不了这段开场,对此和知军雄心怀敬意地表示:"向他学艺了五年,神田裕行确实是我生命中的重要恩师。"而当年神田裕行将这位大弟子介绍给西华饭店时还曾说过,和知军雄是一位比自己更挑剔且龟毛的厨师。不随波逐流的他十分重视食材的新鲜度,与其选用标榜顶级的进口鱼哄抬,他更坚持以台湾当地的海鲜入菜。

" 完美的料理是用双眼便能吃得到美味 "

用双眼便能吃进美味的艺术摆盘

日本人曾说："完美的料理是用双眼便能吃得到美味。"谈到对于摆盘的心得，和知军雄认为摆盘的精髓在于"减法"。不做过多赘述而是呈现食材原味，如此少即是多的概念才得以让用餐者吃进心里，转化出料理职人欲传达的核心精神。对厨师而言，料理摆盘无疑是他们的艺术创作，身为日本料理名厨的和知军雄，除了会多方参考中式与西式料理，连建筑物的形状与配色都会一同参考，他说在摆盘基本观念之上最重要的无疑就是美感的建立。

讲究细节的日式精神

以需要画盘的法式料理来说，运用白瓷表现酱汁会较为美观，相对食材本身来得简单、素雅的日本料理，则可大胆选用带有花纹的盘子来摆盘，且选择有图案与斑纹的餐具时，必须仔细观察了解盘面的设计，切勿让食材挡住盘身的造型设计，才能精准掌握视觉聚焦；不仅如此，日本料理中常见的木碗也有其一番学问，和知军雄说在摆盘时会让木纹以横向表现平行视觉，如此细节体现了日本文化的观察细腻。除了食器与食材的色彩搭配，和知军雄认为分量装填的多寡也须与餐具取得平衡，如选择一个较大的碗面盛装少许料理，反而能够借其留白部位彰显食物的精致感。

摆盘是厨师心情的投射

和知军雄分享刚开始当学徒时大家各司其职，根本没有机会与时间去想摆盘的学问，然而随着时日慢慢成长渐渐就能抓到在料理中创作艺术的秘诀。他说，和许多艺术家一样，摆盘是会反映厨师的心情与想法，但味觉仍是首要关键，不为摆盘牺牲料理口感，找出食材的真味，才是厨师套住食客味蕾的不败秘籍。

善用空间经营，
强化盘饰点心的主题性

新竹喜来登大饭店点心房　黄泛伟主厨

2013 年甫在"香港国际美食大奖"现场下午茶比赛中，以"茶故事"为题创造出系列展现东方特色的糕点，获得国际评审高度青睐，让现任新竹喜来登大饭店点心房主厨黄泛伟与来自日本的伙伴，于这场国际好手争相角逐的激烈竞赛中一举夺银。

克绍箕裘的点心房大厨

黄泛伟踏入烘焙这甜蜜的浪漫世界，其拥有 40 年点心制作经验的父亲黄福寿，无疑是背后最大功臣。黄福寿是台北喜来登大饭店点心房拥有 29 年经历的甜点大厨，让年幼时的黄泛伟自此立下成为点心房主厨的心愿。而今早已能够独当一面的他，回首过往尽管一路走来并不轻松，但在经验丰富的父亲不厌其烦从旁调教下，让他从兴趣中培养出专业，一步步闯出属于自己的一片天，更将家乡在地特色融入甜点创作中，于国际赛事中脱颖而出。

不设限的即兴发挥

在烘焙界累积 12 年经验的黄泛伟，最擅长法式甜点和巧克力制作，谈到对盘

66 摆盘的重点
在于主题的设定 99

饰点心的创作分享，偏爱在极简素雅中
点缀奢华的他，认为平时广泛搜集各国
料理的摆盘资讯，才得以在灵感匮乏时
作为创意联想的累积。黄泛伟形容自己
是个即兴发挥的随兴派厨师，从不预设
摆盘的角度以及呈现的形貌，反是依据
他对食材的了解同时配合餐具特色，勾
勒尽现完美的盘饰点心。

精准掌握食材与餐具间的平衡

黄泛伟认为盘饰点心对入门者而言，最
难的环节可能是在主题的掌握，他建议
初学者可先运用手边素材，明确想象欲
呈现出什么样的画面，切勿画蛇添足增
加许多与主题无关的缀饰，若无所适从
时可从最简单的方法 —— 取自甜点里的
食材原貌加以点缀，比方说当设计一份
裹有草莓酱的蛋糕时，就可在盘上放入
剖半或切丁的草莓点缀，如此一来不仅
和谐不出错，更可加强甜点与摆盘本身
的连贯性。

由于甜点本身的色彩已较缤纷，因此在
食器色彩的选配上建议可以保持素雅，
无色的白盘即是不错的选择，大大避免

食器抢过主角风采的可能性。此外，空
间的经营亦是摆盘中不容忽视的要素之
一，黄泛伟建议比起有弧度较难掌握的
盘面，入门者刚开始可选用好发挥的平
盘。而甜点摆盘更是需要花费耐心与创
意，更建议在每一步骤下手时动作尽量
放慢。

摆盘的抽象，
是从观察与模仿中找到灵感

Thomas Chien　简天才厨艺总监

累积 20 余年的厨艺经历，走访过世界顶级餐厅，凭借着一份热情与坚持，知名法餐主厨简天才在 2012 年开设了第一间属于自己的梦想基地，这间位在高雄软体科技园区旁闹中取静的精致高档法式餐厅"Thomas Chien"即是取自他的英文名字。

简天才自 1985 年起便开始进入各大餐厅磨练厨艺，出道以来曾任高雄环球经贸联谊会西餐与台南那个时代法式餐厅副主厨，更于 29 岁那年成为台南泰瑞莎西餐厅与沃克餐厅主厨，直到 2000 年担任高雄帕莎蒂娜餐饮集团厨艺总监一职，而这一做转眼就是 11 年。简天才说帕莎蒂娜是让他成为一位专业厨师的重要里程碑，那段时间很幸运有位愿意信任自己的老板，给予高度信任让他自由发挥所长，相辅相成下不仅让简天才渐渐在餐饮界中崭露头角，更将帕莎蒂娜餐饮推至高峰。

"做菜，是大地给的灵感"
自立门户后仍不忘追求卓越的简天才，于去年曾带着伙伴到米其林三星主厨 Alain Passard 的厨房见习，而这位有座

" 干净且能借由视觉引起
食欲，就是个好的摆盘 "

大农场且被称为蔬食之神的大厨告诉他："做菜，是大地给的灵感。"自此让他对于"料理"这件事有了更深一层的感悟。在现代讲求自然原味的料理精神下，简天才每天总是坚持亲自去市场一趟，周末更会到农民市集逛逛，推动保种运动不遗余力，他更全力支持在地小农，让台湾道地食材不仅得以存留并发扬光大，因为对简天才来说，用这些来自土地的优良的有机作物为根本，才是让一道道美味料理展现灵魂与生命力的关键。

摆盘在乎的是对"美"的感受
简天才认为，料理不只是吃进嘴里，更要顾及视觉与嗅觉才能成为真正吃进心里的感动佳肴，这其中最需要的就是对"美"的感受力，而美感的创造相对是抽象的。他认为摆盘这件事没有对错，干净且能借由视觉引起食欲就是个好的摆盘。而对于灵感从何挖掘则要多看、多试，翻阅料理杂志或是厨师间相互切磋，了解目前流行趋势。

东西方频交流，摆盘从奢华转向自然
简天才发现近几年摆盘已从奢华渐渐转向自然风，也因东西方交流渐趋频繁，华丽的欧式摆盘日渐受日本怀石料理影响，呈现出简洁的铺陈，专注强调食器与食材的色彩搭配，衬托料理新鲜、自然的核心精神。

简天才给刚入门的初学者的摆盘建议，首先就是在餐具上最好具有多样性的造型，如此才得以拥有较多创意变化，再来就是从"模仿"中学习摆盘的精髓，并进阶了解食器与食材色彩的协调性与对比，强化摆盘欲展现的料理轴心与价值。

摆盘与料理一样，需要的是耐心

山兰居╳初衣食午 兰惟涵厨艺总监

以透光玻璃和浅绿色窗框搭建而成的"山兰居╳初衣食午"，结合新锐设计师服饰的复合式店中店概念，"山兰居"这座优雅的温室静静地坐落于台北闹市区。在满片绿意植物的引邀下进入挑高的用餐空间，天井设计让温暖阳光洒进室内每一隅，毕业于法国蓝带厨艺学院的兰惟涵是这里的厨艺总监，以低油、低糖与少盐的自然轻食为诉求，运用橄榄油与新鲜蔬果创作出地中海生机饮食的健康料理，满足了匆忙节奏的现代人追求慢活轻食的新主张。

运用单一元素创造料理层次

"山兰居"最初发迹于汐止山区上的私人工作室，采用预约制的法式料理，是兰惟涵与同受过米其林星级餐厅训练的先生蔡铭原共同打造的厨艺创作天地。擅长法式料理的兰惟涵说："做菜时我最注重的是香气，这香气一上桌时是最能诱发食欲的，而这其中的秘诀就是抓住食材特点后放大发挥"。不喜欢复杂的她，热爱运用单一元素创造出层次感，连主食旁最容易被人忽略的配菜，都能让人尝出食材的真味。

> **" 细腻体察每件食材的特色**
> **并将其优点之处放大表现 "**

搭配的美学 + 留白的艺术

受过纯正法式料理训练的兰惟涵发现，现在有愈来愈多新派的高级法国菜，不仅追求极致的美味料理，更注重"艺术化的精致摆盘"。虽然不同主厨的摆盘方式收放之间的手法不尽相同，但基本上还是有方法可依循与参考。首先在料理时必须先在脑中绘出一个雏形，尽可能在盘面上集中视觉的聚焦，也切勿让食材占满整空间，适时留白是摆盘中最不易出错的准则。过度集中或扩散的视觉呈现，都有可能会干扰食用者对于料理印象的认识。

此外，在餐具选择上兰惟涵建议食器本色的色彩或纹理愈单纯愈好，当食器被作为构图的布景时，食材便可借其颜色呈现出最自然的美感。简言之，稳定的色彩且掌握留白空间效果的组合，就是艺术精致摆盘的不败法则！

简单的味道才是最美好记忆的根源

兰惟涵与我们分享，摆盘和料理一样是需要很多耐心的，细腻体察每件食材的特色并将其优点之处放大表现。就以洋葱来说，以最简单的方式提炼出洋葱独有的美味，再运用最自然的方式处理后呈现出焦糖化的美丽色泽，堆叠于盘中即是一道味觉与视觉兼具诱人魅力的画面。

魔术般的奇幻摆盘，
起于大胆实验

DN innovación　Daniel Negreira 行政主厨

DN innovación 是西班牙籍主厨 Daniel Negreira 在台湾开设的第二间店，餐厅空间以银河为概念，略带神秘的未来感装潢风格，如同他魔幻绚丽的料理总是给人无限惊喜。Daniel Negreira 过去任职于米其林星级餐厅 Arzak、Mugaritz、Akelarre、Berasategui Lasarte，更曾在发明分子料理的西班牙名厨 Ferran Adria 所主持的 El Bulli 米其林三星餐厅服务，这位鼎鼎有名擅长从料理中表现幽默新奇创意的大厨，将闻名于饕客之间的"分子料理"带进菜单中，把看似平凡无奇的餐点化身为餐桌上最吸睛的惊奇表演。

无限可能的前卫分子料理

在 DN innovación 餐厅最令人期待的莫过于是难度极高的分子料理，实验性格浓厚的 Daniel Negreira 必须十分精准地掌握物理与化学变化，才得以将食材的口感、形貌与质地重新组合成一道全新菜色，甚或将固体变成液体、气体等方式食用，让视觉和味觉冲撞出刺激的新意。此外，Daniel Negreira 亦热爱拆解拼贴食物元素，做菜从不依循任何主义的他，多年来总是尽力避免自己的摆盘

66 当排出自我风格的差异性时
才能真正体会摆盘的乐趣 99

呈现陷入规格化的窠臼。借由西班牙古老食谱结合脑中创意，透过多年来累积的高级料理经验，消弭家乡与异地的边界，不受任何形式拘束地在传统菜色中找寻全新表现方式。

不设限，创造自我风格的摆盘哲学

Daniel Negreira 相当尊重食物的天性，在物产丰饶的宝岛上他坚持使用当季最新鲜的食材，更强调食物的珍贵除了本身的价值外，其背后的原创性更是不容忽略的重要环节。对于学习料理与摆盘的初学者而言，Daniel Negreira 认为味道还是首要，第二件事才是钻研摆盘的技法，他建议除了多看摆盘图文作为激发灵感的泉源，对入门者的不二法门就是大胆地多方尝试，不能也不该限制摆盘设计的任何可能。Daniel Negreira 观察，在台湾许多事都十分遵循规则，但摆盘的创意有时候是灵光乍现的。他举例，只要概念相符，就连破掉的酒瓶与黑胶唱片都可以被拿来作为摆盘装盛的食器。"毋须抄袭或认为和大家一样才是对的，当排出自我风格的差异性时才能真正体会摆盘的乐趣。"Daniel Negreira 说。

从材质、色彩、视觉等方面入手，掌握摆盘诀窍

如何掌握摆盘诀窍，Daniel Negreira 分享可根据食器的材质、颜色及视觉等方面考虑，比方说白色的盘子对于绝大多数料理是最好表现的界面，容易突显食材的美感；更可多元利用冷暖调性迥异的木盘或铁碗尝试各式料理摆盘，但切记要能达到集中视觉的效果，才得以让视线聚焦。

轻描淡写地分享他对料理摆盘的思考，从言谈间不难发现率性的 Daniel Negreira 对料理保持着一丝不苟的精神，而如此毫不妥协的美味坚持，为的是回报顾客对厨师的信任。

料理就是纯粹单纯的美学分享

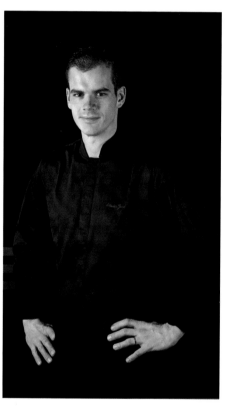

L'ATELIER de Joël Robuchon
Olivier JEAN 台北驻店主厨

在 2013 年底，由 Joël Robuchon 任命配驻，来台掌接台北店餐厅主厨的 Olivier JEAN，已蓄势待发地要以全新姿态，撼动台湾饕客们视觉与味觉的感动。1986 年出生于法国的 Olivier，自 2010 年起加入 Joël Robuchon 集团并成为 Joël Robuchon 主厨的弟子。他的年纪虽轻，但却具有丰富的实务经验，曾先后进入法国巴黎的 Etoile Paris 与蒙地卡罗的 L'Atelier de Joël Robuchon 工作，并多次在法国美食竞赛中脱颖而出。

身为 L'ATELIER de Joël Robuchon 法式餐厅的台北驻店主厨，Olivier JEAN 表示他的料理自然也承袭了侯布雄料理中"自然、清新，并从传统中转化出无限创意的料理风格"，对 Olivier 而言，料理的过程中似乎像是一场探险，积极地接触并广纳多样的元素，不断地"改变"并大胆尝试变化，保持开放的心态并积极地导入东西文化的交往也是他身处 Joël Robuchon 集团的必然使命。

拓展视野·尝试·改变
不断尝试也是 Olivier 提升自己摆盘呈现的不二法门，不论是形式、色彩或使用

" 简单，但强烈 "

的食器，有太多元素的变化组合可去改变。即便是相同的一道料理，就可以尝试三至四种食器的搭配。而关于食器的使用，主厨建议不宜单凭食器的外在造型或色彩去考量，而是要回到料理的菜色本身去思考。举例来说，一块完整的牛排肉，可能会带有弧度，但如果将牛排肉切断成三块，则会变成长条状；相同的食材，但呈现出不同的造型，自然也能搭配不同的食器。在思考摆盘食器的选用之前，可先从食材的造型下手，摆盘的方向才会明确。他更鼓励初学者，可以多阅读烹饪杂志，并去市场逛逛。拓展自己的视野，再透过多次的尝试，一定能够找到自己想呈现的方向。

挑战自我盲点，广纳顾客意见

而对于 Olivier 来说，料理困难的部分，则是如何掌握顾客的喜好与需要。特别是料理的摆盘，不仅是食材与食器之间的造型变化，其中更包括了激发"想要去吃、想要品尝"的欲望。一道成功的料理，在视觉的呈现上就要让人食指大动，但如果只是看起来漂亮却不好吃，是无法说服消费者买单的。除了观察顾客的反应，Olivier 也不吝于直接面对他

的顾客，向他们请教用餐的感觉、哪些是他们喜欢或不喜欢的。

分享的哲学

身为 Joël Robuchon 的弟子，Olivier 有强烈的使命感，要与顾客们分享 Joël Robuchon 的口味、观点与艺术。"简单，但强烈"的料理呈现，往往能攻破饕客的心，因为料理是用来吃的，吃下料理之后，则会去感受它。但在吃之前，人们会先观看。因此所呈现出来的第一印象，是非常重要的，如能美丽到引发人们的食欲，那便算是一道成功的摆盘了！

Part

02

巧手勾勒餐盘风景

食材运用 6 大技巧

切割

用刀子即可让食材拥有更多变化，从简单的切片到需要工艺技巧的雕花，不同的刀法让食材外貌展现更多样的变化，也增加更多口感。

简易刀工营造的切面痕迹

干煎鲍鱼 Plating Idea | Hana 铌铁板烧　主厨李后得

工具与
更多范例

刀

刻意不切断，称为蝴蝶刀。此方法可以在肉中夹入其他食材。

切割蔬果表皮，表现出不同的色彩，丰富摆盘的变化。

在此以鲍鱼示范基本的切片与表面划刀，在处理海鲜类的切割时，由于其表皮会有扩张现象，故切割时可稍微倾斜角度下刀，也可使最后呈现出更漂亮的线条。摆盘时可配合鲍鱼的形体选择餐盘，让视线得以聚焦于盘中切割过后带有美丽纹路的主角。

摆盘方法

1 分离鲍鱼的牙齿与内脏，可先从中间下刀，随后再掌握适当的距离一刀一刀划下。

2 完成后再转纵向划出线条，切记勿将鲍鱼肉切断，下刀深度约掌握在整体厚度的一半处即可。

3 切完后呈现出如格纹状的鲍鱼与其内脏，放入锅中蒸煮。

4 等待鲍鱼蒸煮的时间可准备摆盘工作，将罗勒叶做成青酱在盘边缘拉出些许线条，并运用打成泥状的海胆和鲜奶油调和出橘黄色的酱汁以点状缀于盘边。

5 随后将鲍鱼的壳放于蛋形盘中央底端，再将海带芽过水软化后向上堆叠拉出高度，把鲍鱼的内脏衬于其后。

6 最后将蒸煮熟的鲍鱼放入盘中，可用手稍微拨开切割的纹路，让线条更加明显，并利用海带芽的高度倚躺在上，点缀干辣椒丝与花饰，一道精致的切割食材料理即可上桌。

摆盘秘诀…

在切割技法中，首先注意的就是食材的挑选，相较于红肉，海鲜更适合进行切割，于此道示范中读者亦可用花枝或较具厚度的肉质进行练习。而蔬果类则可先从简单的柑橘皮的切折，或是萝卜梅花片等简易根茎蔬菜雕刻着手。

堆叠

堆叠的技法示范，除了表现料理的空间高度，也适合
展示出如同三明治般层层分明的设计。

不同食材堆叠，多层变化趣味

干贝佐鱼子酱　Plating Idea ｜ Hana 鈱铁板烧　主厨李后得

工具与
更多范例

中空模具　＋　**刀**

除了切片，也可以切成方块。若要不
改变食物原貌，也不使用模具的堆
叠，则需要非常细心的技术。

多层次堆叠的技法，是利用不同食材的片状堆叠，呈现色彩差异。一般需要运用到中空的模具辅助，加入丝状、块状与膏状的馅料，不同层次的色彩与质感也都有所不同。底层可以挑选面积较厚的切片食材当作基底，再依序加入稍软或稠状的食材。食材的软硬也要进行区隔，以免堆叠的造型崩塌。初学者可以使用像是此道摆盘乳白色的干贝片，层次的差异比较明显。

摆盘方法

1 先将干贝切成四等份，并依据其形体将最尾端放入模具内当作第一层，如将干贝分层后再做重组概念，得以使堆叠形态更加完整。

2 取适量的柠檬皮丝放入后，重复上一步骤将第二片干贝覆盖，再取适量炒蘑菇丁做第二层堆叠后铺盖第三片干贝。

3 放入最后一层覆盆莓果时，先以刀背将果实压成酱膏状有利于堆叠时塑形，放入模具后再铺上最后一层干贝即完成。

4 将堆叠好的模具放在盘上欲呈现的位置，并以食指压住柱状的干贝后轻拉模具，如此美丽的堆叠即可顺利推出。

5 运用喷枪于干贝表层做出炙烧面，不仅可以带出些许焦色，更可借此带出干贝的香气诱发食欲。

6 将鲜绿的卷生菜堆叠在干贝顶层，并放上适量的鱼子酱搭配丰富摆盘的层次。取紫色星辰花放置于画盘的交叉点，再放上剖半的金橘点缀即可完成。

摆盘秘诀…

操作堆叠技法时，最重要是在力道的掌握，放置食材时需轻压使其不会因过度松散而倒塌，但若压得太紧又会压缩使食材间的层次感不够明显，故需要拿捏平铺食材的手感，才得以于最后呈现出稳固且层层分明的美丽层次。

no.3 塑形

模具主要是让没有固定形体的碎状、泥状食材，像是米饭、面条或薯泥，依照所需造型改变。常用基本工具便是模具，除了辅助塑形、堆叠外，也可直接压型。

塑形改变食材造型

烟熏鲑鱼 Plating Idea |
Hana 铓铁板烧　主厨李后得

工具与更多范例

中空模具

容易散乱的卷曲泡面，透过模具塑形可以变身精致美食。

使用心形模具塑形米饭，还可以加上不同食材的颜色变化。

利用模具进行塑形时，可以选用切成丁块的软嫩的食材再加入软稠的酱汁，放入模具后用力挤压，以表现出完整的模具造型。但放入模具中的食材需静置一段时间，好让稠状的酱汁凝固。除了利用模具填入食材，也可运用按压的方式，在食材上按压模具，制造特殊造型。

摆盘方法

1 先将模具放入调理碗中，再将预先拌过的泥状熏鲑鱼食材填入中空的甜点模具，填入后需静置一小时，才能使塑形后食材稳固不变形。

2 将酱汁放入小的酱料瓶中，并取长盘左下角内缩约三厘米处向右上方对角画上，如此用心是希冀达到缩小长盘的感觉。

3 将静置于模具内的料理放置于画盘线约 1/3 处上方。

4 一手食指辅助顶着料理，另一手将模具向上拉。

5 取红萝蔓包住卷生菜，稍微用手轻捏固定后放置在烟熏鲑鱼柱的上方。利用菜叶的蓬松质地，让视觉更加丰富。

6 最后取满天星与红色的花点缀于盘面右侧装饰。在摆盘时若用到食用花与装饰花，尽可能把可食用的与食材放在一起，引导食用者辨别。

摆盘秘诀…

在模具的选用上，主厨建议使用圆形的中空模具。因为三角形、方形都有边角，食材不易填满模子，使用非中空的模具也可能会让食物黏着无法掉落。此外在选择填入食物时要选择较为稠状的质地，若干湿比例没有掌握好，过干不好塑形，太湿则会释出汤汁破坏盘面美观。

画盘

当料理具有可搭配的酱汁与盘面空间时，便可利用画盘的技法，在盘面中制造出线条与图形的表现。

酱汁多寡带出不同线条勾画

培根干贝佐炸姜丝　Plating Idea ｜
Hana 铙铁板烧　主厨李后得

工具与
更多范例

圆面汤匙

也可利用模具，撒入细微的
食材后在盘面显现文字。

画盘工具

除了汤匙，也可利用牙
签、保鲜膜或刷子等材
料，制造多元的画盘效
果。

画盘技法在摆盘中是最常使用的重要元素，运用酱汁的色彩在盘中绘出美丽的线条，使原本平淡无奇的酱料在盘上展现出吸睛的艺术画面。画盘工具除了可运用汤匙、酱料瓶或抹刀，更可善加利用取之日常的素材如海绵或是揉成球状的保鲜膜，让酱汁在盘上带出刷面的自然表情。

摆盘方法

1 用圆面汤匙挖一勺昆布酱油，并去掉多余可能滴漏的酱汁即可画盘。从盘面的左下方向斜右上方带出好似英文中"L"字母的草写，并渐小地往右侧盘边绘出随兴线条。

2 将干贝包裹上培根，使其呈现出卷状后放入锅内煎至焦熟感。

3 确认培根熟透后，以叉子固定并将培根干贝卷切成两半。

4 将切面朝上并排斜放于盘面中央，让食用者可看见培根干贝卷的美丽层次。

5 取一片紫苏叶以直立的方式盖于培根干贝卷前方，并取半颗金橘抵于紫苏叶前，可于食用时增加干贝风味。

6 最后将炸过的姜丝取一小丛放于金橘旁，再撒上少许花瓣增色。

摆盘秘诀…

利用汤匙进行画盘时，其概念类似毛笔蘸墨汁，圆面的汤匙装盛的酱汁较多，因此画盘时可以表现出绵延的线条；长面的汤匙匙面较小，装盛的酱汁含量较少，因此可以带出工整但短促的直线条。

Plating Idea
食材运用
6 大技巧

no.5

绑结

绑结的技法可以用来固定并包装料理的造型。除了使用棉绳也可利用长线形食材绑结，变化料理的风味！

利用绑结束袋，包裹住所有美味

菠菜福袋 Plating Idea ｜ Hana 铳铁板烧　主厨李后得

工具与
更多范例

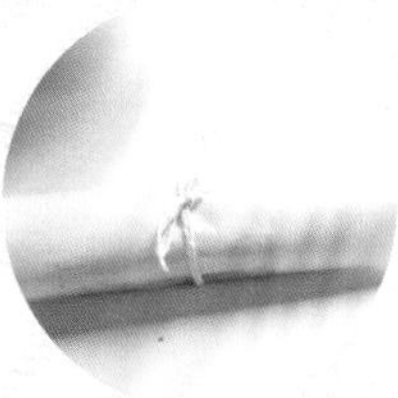

绑结

应用于料理的包装，可以提升用餐时的惊奇与神秘气氛。

竹签

除了绑结，也可利用竹签进行食物的固定或装饰，此类手法较常应用在点心、水果或其他适合小口食用的料理上。

绑结或竹签的应用，在于固定分散的食材，在这道运用葱段示范的绑结技法中，将食材包覆于润饼皮中，并搭配一件造型别致的日月盘，让可爱的菠菜福袋被绿色酱汁紧紧簇拥包围于其中。此外，除了利用可食的葱作为绑结的绳子，中式或日式料理也使用瓠干丝、海苔、金针菇或是棉线等，各国料理摆盘中更可看见厨师运用竹签或炸过的意大利面条等作为固定料理的工具。

摆盘方法

1 将菠菜与高汤打成泥状作为盘底，并利用日月盘中间的一轮凹槽倒入汤汁，倒入后可将盘子拿起轻震使空气震出，以免酱汁汤面产生气泡。

2 选择一细长的汤匙挖取适量昆布酱油，于盘中画出交叉的线条。并顺应着圆形弧度排放红胡椒粒与食用花做跳色装饰用。

3 将润饼皮平铺于台面，再把汆烫过后的虾、蘑菇、芦笋与蛤蜊肉等食材放入润饼皮中心点，并切记勿填装过多增加绑结时的难度。

4 将润饼皮收边，如包小笼包的手法将其折出形状，并以手协助挤压。

5 由于尚未处理过的葱带有纤维，所以可先过水烫过使其软化后，放入冰水冰镇确保翠绿色，再除去葱内的稠状物，如此绑结时才不会容易断裂。

6 最后将葱于原本折好的润饼皮上打上一个蝴蝶结，再将上端的润饼皮口拨开，使其呈现出如花绽放的姿态，即可放在已备好的画盘上。

摆盘秘诀…

绑结是一个使食材得以展现更多形貌的技法，但除此之外也可利用竹签的方式表现，以此道福袋为例，若欲运用穿透的方式固定，则需注意于折叠时要更加平整，使其层层对齐后穿进才不会散落。

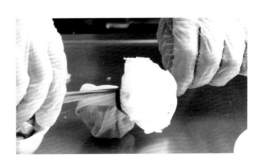

食材作为食器及镶填

平易雅致的蛋壳装盛技巧

松露蒸蛋佐鹅肝与鱼子酱

Plating Idea |
Hana 铋铁板烧　主厨李后得

食材作为食器的装填法，是利用天然的食材取代一般餐具作为装盛的材料，可以呼应料理使用的食材，同时也影响了料理的口味。

工具与
更多范例

打蛋壳器　＋　**小剪刀**

也可将南瓜或凤梨等大型水果，挖空并在其中放入料理，连同内部果肉一起食用。

蛋壳小巧可爱的外形很常被人拿来当作盛装料理的食器，在此道示范中主厨将蛋做成蒸蛋，使其与蛋壳食器呼应，再点缀鹅肝与松露后放于金色蛋架上，为这道料理勾勒出宛若精品般细腻的摆盘画面。若家中没有专业的打蛋壳器，主厨建议可用小剪刀在鸡蛋的尖端轻敲出一个洞后，再以小剪刀仔细修剪，亦可做出同样的效果。

摆盘方法

1 蛋的外形一头较尖一头较钝，以一手固定鸡蛋并将打蛋壳器对准较尖处，拉取打蛋壳器顶端向下敲击。

2 取下打蛋壳器便可于鸡蛋表面看到圆形裂缝，将碎裂的蛋壳取下再将鸡蛋倒出。

3 可利用小剪刀修剪让圆面更加漂亮平整。

4 将蛋液与高汤一比一调合后倒入蛋壳，切记勿加入过多配料，避免蒸蛋时逼出空气，其气孔会破坏蒸蛋整体美观。

5 放入鹅肝后将蛋放进蒸蛋架蒸熟，若无专业的蛋架亦可用铝箔纸与碗支撑使其不倾倒。

6 最后将蒸熟的蛋放在金色蛋架上，再放入松露及虾夷葱点缀，一道以食材作为食器镶填的料理便大功告成。

摆盘秘诀…

步骤5所提及，若一般家中没有专业的蒸蛋架，可拿一个具深度的碗或小盘在上方包覆铝箔纸后，再以剪刀戳洞将鸡蛋塞入，如此即可固定入锅蒸熟，避免站不稳倾倒的可能。

食器应用：色彩、层次、造型、材质
摆盘的 4 个关键字

食器选用

20 件百搭食器介绍

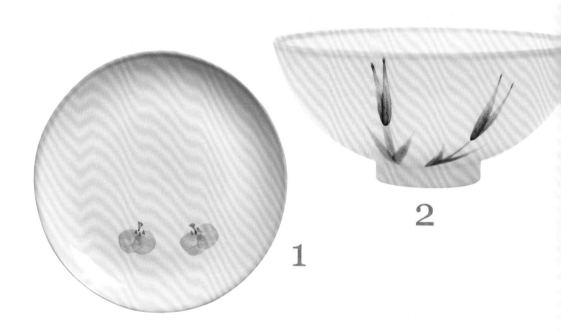

1

2

1 复古情怀翻转当代新意

品名｜PEKOE 饮食器－复古台湾盘・中盘红柿
品牌｜PEKOE 食品杂货铺
产地｜中国台湾

PEKOE 饮食器以台湾复古风为题，推出复古台湾盘，与莺歌陶艺家合作，运用传统工艺结合手绘烧制而成一件又一件重现台湾古早味的餐具。让红柿跃身于平盘中，若搭配台湾传统料理或萝卜糕等小点，让埋藏于心里那份对儿时情怀的深刻记忆油然而生。

| www.pekoe.com.tw |
| 02-2700-2890 |

2 饭食好伙伴　经典饭碗的温暖再现

品名｜PEKOE 饮食器－复古台湾碗・圆碗（金针）
品牌｜PEKOE 食品杂货铺
产地｜中国台湾

橙红色又称忘忧草的金针花，仿佛被徐风吹抚般摇曳生姿地缀于圆碗侧边缘一圈水溶性的钴蓝色颜料处，更加突显陶土与瓷土材质所呈现的润白朴质手感。盛装热腾腾的饭，随着热气散发出阵阵白米香，不仅把对家乡这片土地的感动吃口里，更看进了心里。

| www.pekoe.com.tw |
| 02-2700-2890 |

3 走入现实生活的童趣食器精灵

品名｜Tripod 碗
品牌｜nest 巢·家居
设计｜Simon Stevens

三点平衡的设计拥有独特的开口，亦可作为手柄使
用。碗外表面大量运用深浅不一的湛蓝色彩，让人
不禁联想到蔚蓝海岸。在此系列中配有大小不一的
四个碗，可广泛灵活地盛装饭食、面食或是冷菜、
酱料等；荣获两项国际设计大奖，是公认的经典食
器设计之一。

www.nestcollection.tw

4 令人爱不释手的简练必备食器

品名｜桦木黑柄不锈钢餐叉、桦木黑柄不锈钢汤匙
品牌｜PEKOE 食品杂货铺
产地｜日本
设计｜柳宗理

用桦木打造把柄的不锈钢餐具系列，是日本国宝级
工业设计大师柳宗理的代表作之一。经强化处理的
桦木黑柄结合不锈钢材质，简练的线条，实用兼具
美观的餐叉与汤匙，是热爱享受料理美食的人皆想
拥有的经典款式。

www.pekoe.com.tw

02-2700-2890

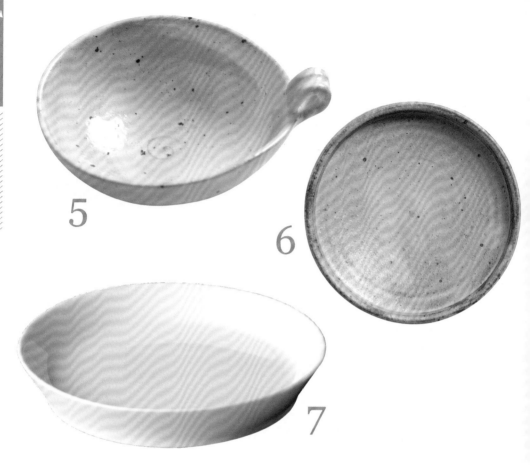

5 揉合传统与新意的风味食器

品名｜粉引耳付浅钵
品牌｜mad L
产地｜日本
设计｜冈山富男

由日本师傅手工捏造的耳付浅钵是属"粉引"陶器，运用特殊的技术，使陶器表面好似涂上一层白粉的感觉，粉雾状质感展现出柔和的设计表情，加上创作者手工塑形的趣味设计，带出日式独有的自然朴质风韵。

www.facebook.com/madL.art
02-2933-2369

6 在自家餐桌渗入一抹浓郁日式气息

品名｜粉引灰釉盘
品牌｜mad L
产地｜日本
设计｜野口淳

宽大的圆形盘身，不论是应用在中西料理或甜品装盛都相当好搭。食器外表虽带有粗糙质感，但温润的配色让人不自觉地感染手工捏制的工艺温度，可简单为自家餐桌带入一点纯粹日式犷味。

www.facebook.com/madL.art
02-2933-2369

8

7 低调又显眼 可爱轻巧的居家饮食良伴

品名｜Artisan 工艺职人 Earth 系列 盘（黄）
品牌｜nest 巢·家居
产地｜日本

大小适中的瓷盘隐透米黄釉色，是讲求手感原创的现代设计，更是日本制瓷文明的城市波左见町下的经典产物。边缘拉起的 2.6 厘米高度，让带有酱汁的料理亦可盛放其中，展现出此盘的多元变化。

www.nestcollection.tw

8 多层套叠的色彩故事

品名｜聚在一起食盒
品牌｜JIA Inc.
产地｜中国台湾
设计｜Kate Chung Design

食盒约始于中国魏晋时期，明朝起称作攒盒。"攒"有拼凑、聚合的意思。人们取"攒"的谐音，称作"全盒"，喻指十全十美之意。大小食盒，聚在一起，雾与亮面组合、多色搭配的当代简洁设计，可堆叠亦可单独使用，让你发挥不同的桌上组合创意。

www.jia-inc.com
02-2834-3377

9

10

9 满盛食材　象征家庭圆满的古味汤碗

品名｜家当西式汤碗
品牌｜JIA Inc.
产地｜中国台湾
设计｜张永和

在物资不是很充裕的年代，中国北方农民将晒干的葫芦剖半，用来舀水、淘米。吃饭的工具就是重要的家当，联系一家人上桌，象征家。这件葫芦造型汤碗，拥有凹凸有致的外形，汤碗可与平盘搭配前菜或主食使用，为餐桌带来更具创意的全新风景。

www.jia-inc.com

02-2834-3377

10 竹瓷相交　映射深韵娴静时光

品名｜莲叶何田田盘
品牌｜JIA Inc.
产地｜中国台湾
设计｜黄智峰

自然材质竹与瓷，创造出桌上另一场生动空间。仿若夏日莲叶浮于水面，盘底与桌面的距离，除了使用上拿取的便利，也创造了"莲叶何田田，鱼戏莲叶间"的动态趣味。透过全手工制作，竹瓷两种温暖材质的结合，更添温润细腻的手感。

www.jia-inc.com

02-2834-3377

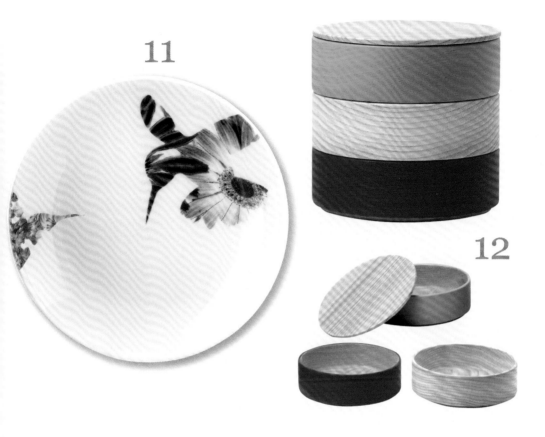

11

12

11 格调高雅　有情境地搭配各式料理

品名｜Flutter 前菜碟
品牌｜nest 巢·家居
设计｜Peter Ting

受到中国古典花鸟启发的 Flutter 系列，将花草与雀鸟的剪影超写实地表现于盘面设计，揭开一幕又一幕鸟语花香栩栩如生的生动画面。此前菜碟的右上方有一只鸟儿正飞过，以聚集的方式将食材放置于盘面留白处，透过鸟与花的加持衬托，摆盘时便能轻松呈现出如诗如画的东方风韵。

www.nestcollection.tw

12 色彩重新组合　饮食变成一种乐趣

品名｜卯之松堂 - 木制食器
品牌｜Prime Collection
产地｜日本
设计｜卯之松堂

以栓木打造的食器，可层层叠起节省餐桌空间，有别于日式传统多层容器，除了可看得见原木的纹路，更在容器的表层运用明快色彩带出活泼的视觉感受，是卯之松堂中的经典设计。

www.prime.com.tw

02-2762-2202

049

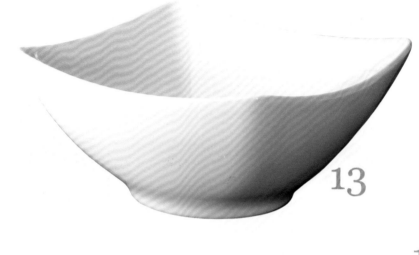

13

14

13 微翘边角　享受餐食间的微笑

品名｜MYNDIG 白色碗
品牌｜IKEA
产地｜瑞典
设计｜Eva Sjödin

纯白色半瓷餐碗，外圆内方流畅的造型，让人过目便印象深刻，搭配套餐使用，于饭后以此食器盛装冰淇淋等，能更加衬托，倍显食材的独特性。

www.ikea.com/tw

02-2276-5388

14 雅致色彩融入居家饮食乐趣

品名｜IKEA 365+ 浅蓝绿色餐盘
品牌｜IKEA
产地｜瑞典
设计｜Susan Pryke

以长石瓷材质打造的素雅餐盘，从极简、典雅的隽永设计可见浅浅的蓝绿色光泽，适合用于各宴客场合。正方形的盘面以弧角收边，无论是摆盘西式料理，或是盛装餐会上的蛋糕、点心，皆是百搭的经典款式。

www.ikea.com/tw

02-2276-5388

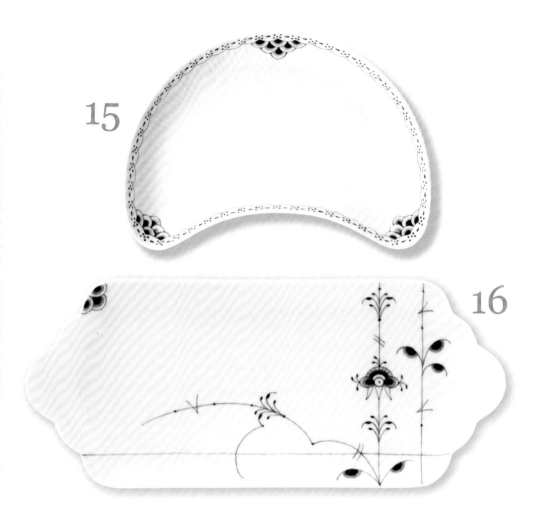

15 优美造型蕴含不凡气质

品名｜"公主蓝"半月形盘
品牌｜皇家哥本哈根手绘名瓷
产地｜丹麦
设计｜Arnold Krog

皇家哥本哈根以"蓝白瓷"在全世界扬名，此半月形盘为公主蓝系列，如月弯的美丽弧度，边缘皆是由画师亲自执笔绘出的如蕾丝饰边的图案；此外，瓷器表面搭衬独特的贝壳纹路，精品般细致的手绘名瓷，赋予餐桌一份尊贵奢华的皇家风貌。

www.royalcopenhagen.com.tw
02-2706-0084

16 跳脱中西食器隔阂的百搭造型长盘

品名｜"蓝色棕榈唐草"造型盘
品牌｜皇家哥本哈根手绘名瓷
产地｜丹麦

长达 28 厘米的造型盘，绘上的是皇家哥本哈根经典的蓝色棕榈唐草。迎合现代饮食需求，推出精致造型长盘，更于图案设计上大量留白，透过清新的笔触让摆盘时可与料理相互衬托出彼此的价值感。除了可摆放西餐并以酱汁画盘，盛装中餐更能激撞出全新的餐桌风情。

www.royalcopenhagen.com.tw
02-2706-0084

17 鲜明木质纹理　饱含浓郁禅韵

品名｜蝴蝶碗
品牌｜Prime Collection
产地｜日本
设计｜喜八工房

日本设计师取自蝴蝶翩翩起舞的姿态，将其注入于汤碗设计中，温和的线条搭配朴质的原木，为飨食时光带进温润感受。在此碗的清浅木色带动下，若摆放鲑鱼卵等日本料理中常见的鲜美食材，更能借由蝴蝶飞舞的优雅意象，传达出料理的精致。

www.prime.com.tw

02-2762-2202

18 不只是食器　雅致工艺的美学体现

品名｜Free Bowl
品牌｜Prime Collection
产地｜日本
设计｜喜八工房

喜八工房严选日本国产的榉木，以悬轴切削手法为此碗雕塑出轻薄美观的外形。日本料理主厨表示，在日本若挑选木制食器摆盘，通常会将碗盘内的木纹以横轴方式展现，使视线于左右皆可达到放大的效果。实用且不失美感的汤碗，十分适合用来盛装白饭或是热汤。

www.prime.com.tw

02-2762-2202

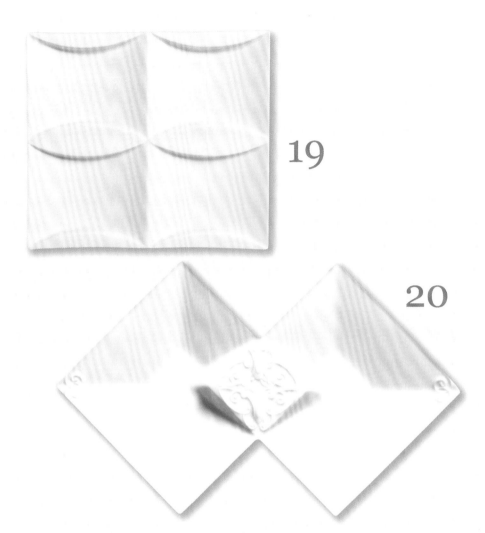

19

20

19 秩序中带有变化的简洁艺品

品名｜帝国四联盘
品牌｜八方新气
产地｜中国台湾
设计｜王侠军

恰似由四小方碟边边相结所组成的帝国四联盘，在四个格子状的正方形造型中，加入圆弧的线条，营造出秩序内的变化。设计精美简约并带来视觉惊喜，除了甜点的装盛之外，也可应用于一口享用的精致餐点，不需另行摆盘，食器本身的造型韵味便让料理得以展现出精致深厚的情境。

www.new-chi.com

02-8773-8369

20 中西合璧淬炼传统新意

品名｜结交四方
品牌｜八方新气
产地｜中国台湾
设计｜王侠军

由王侠军一手打造的瓷器世界——八方新气，将日常生活常见的食器设计成独具风格的现代工艺。此件"结交四方"的双生盘，突破了盘面浑圆的设计，特别适合摆放拼盘。象征中国人结交四方的概念，中央精雕的图案为一对面面相觑的蝙蝠，充满福气吉祥的意味。

www.new-chi.com

02-8773-8369

色彩 | 活用配色元素 营造盘内氛围

色彩犷然的前卫巧思

炸岩石

Plating Idea │ SEASON Artisan Pâtissier　创意总监洪守成

🍽 长方形板岩砖 + 圆碗

看得见石材线条纹理的深色板岩砖，搭配一个圆形的白色小碗碟摆放酱料，在这道摆盘设计中，跳脱刻板框架，刻意选择与食材相近色系的餐具，加以衬托黑的层次。

说明

名为炸岩石的料理，顾名思义是运用竹炭粉将花枝、洋葱及橄榄等食材放入油锅炸出黝黑的表面，刻意不运用对比色，反而选择同色系的板岩砖衬托出料理宛若岩石一般的自然粗犷感。再借由白色酱碟内的酸黄瓜酱的明快亮黄，适时创造出跳跃的惊喜感。

餐具哪里买 │ 一般餐具行

色彩 02

恪守配色平衡的色彩应用

味噌酒酿烤海鲕鱼

Plating Idea │北投丽禧温泉酒店 雍翠庭主厨林祺丰，副主厨江文荣、林宗懋

▶ 圆盘＋玻璃小杯＋岩砖

色彩的运用在摆盘的设计中，充满了多样的变化。由于本道料理可以搭配三种酱汁进行调味，因此此在摆盘设计的呈现中，便具有色彩渗入的变化空间。

摆放主食海鲕鱼的食器，使用的是大片的白色瓷盘，为了维持整道料理简单大方的设计，主厨反而刻意把三种酱汁与主要的食器保持距离，另用小杯装盛。主要食器中的色彩，维持了明亮鲜艳的黄与绿色基调。独立放置的三色酱汁，则适切地扮演着次要呼应的角色。

说明

先在圆盘中加入青花笋与芦笋，衬入翠亮的绿色，接着调合两种酱汁的色彩进行画盘，并将腌渍过味噌的烤海鲕鱼置中摆放，白盘的周遭空间再以炒蘑菇、香菇进行点缀。由于本道摆盘希望呈现的效果简单大方，画盘带入一点色彩渐层的感觉即可，不宜太过。

餐具哪里买│
IKEA（圆盘）、俊欣行（杯、岩砖）

色彩 03 黑白对比的极简摆盘设计

生牛肉塔塔

以直径近 30 厘米的黑色大瓷盘为衬底，并在正中央堆叠一个带有涟漪纹路的乳白色小餐碟，借由黑白色搭配展现强烈对比，淬炼出食材最纯粹的原色。

Plating Idea │台北国宾大饭店
A Cut Steakhouse 主厨凌维廉

▎◖○▌黑色大圆盘 + 白色涟漪纹餐碟

餐具哪里买│IKEA

色彩 04 沿续食材原色的自然色彩摆盘

肉酱圆鳕鱼卷

本道料理的主角鳕鱼卷色彩偏白，加入鲜绿的蔬菜，传达清新自然的色彩印象。若是将配菜用的肉酱板豆腐全部置入盘中，会导致画面过于丰富，因此另以小杯装盛。

Plating Idea │北投丽禧温泉酒店
雍翠庭主厨林祺丰，副主厨江文荣、林宗懋

▎◖○▌圆盘 + 玻璃小杯

餐具哪里买│IKEA（盘）、一般餐具行（杯）

色彩
05

灰黑画布上的明快闪动
香煎笋壳鱼

Plating Idea ｜ 台北国宾大饭店　A Cut Steakhouse 主厨凌维廉

仿板岩餐瓷 + 圆形小碟碗 + 刀叉匙组

首先选择一面带有铁灰色的仿板岩餐瓷，并在左上方摆放一个圆形小碟碗，将方形仿岩板作为画布，再利用洁白的小碗点明亮度，同时为平面创造出双重高度的立体感。深色的仿板岩餐瓷很适合加入多色彩的画盘或料理变化，一旦加入色彩，便可轻易集中视觉的注目。但摆盘时也需注意，由于深色的食器对比非常明显，因此对于色彩的掌握建议可先订立主题，太过缤纷的呈现，有时反而容易偏离料理的主轴。

说明

此道料理的画盘以黑底为画布让明亮的绿黄酱汁大胆地释放。运用抹刀抹取青酱与柳橙酱。类似油画刮刀的笔触，利落也明快地切入盘面的中心，但当带有焦脆金黄色的笋壳鱼被摆饰上后，主食与左上方的圆形小碗同时也具有稳定并收敛画面的功能，小碗中的胡萝卜脆片在摆盘的边缘制造了些许的色彩变化，沉稳但又活泼跳跃！

餐具哪里买 ｜ NARUMI（碗）、REVOL(仿板岩)、PEKOE 食品杂货铺 (刀叉)

层次 01 简约大方的器中器设计

烟熏鲑鱼

Plating Idea | 台北国宾大饭店　A Cut Steakhouse 主厨凌维廉

🍽 凹面圆盘＋圆形平盘

想要在白色的基底上再加入创意与变化，可利用器中器的大小圆盘堆叠。不直接将料理摆在一面大圆盘中上桌，反是选择一面设有圆面凹槽的圆盘作为底盘，再叠上一个小面积的平盘，变化层次的呈现。

说明

这道由甜菜汁腌制的鲑鱼，切块后的切面展现出漂亮的纹理。在纯白食器上，可映衬出其光鲜软嫩的肉质。配合器中器的层叠，下方的大圆盘具有水波的纹路，增加了视觉的质感。上层的圆盘由于空间稍小，可将食物使用环状设置，以维持盘面的均衡性。

餐具哪里买 | NARUMI(大盘)、
JIA Inc.(小盘)

层次 02

举轻若重的酱碟层次
香煎明虾

Plating Idea ｜台北国宾大饭店　A Cut Steakhouse 主厨凌维廉

长盘 + 实山椒图纹小碟 + 白色方盘

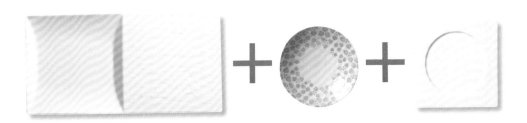

主厨运用食器本身的造型并加入层次变化，刻意选于凹面处叠放小一号的方盘，借由方盘底架高的设计，使视觉可略见底层深度，加入一个绘有实山椒图案的小碟，延伸视觉的变化。

说明

这道香煎明虾的料理中所需呈现的食材相对单纯，利用多个餐盘堆叠，让艳红的阿根廷烟熏辣椒酱与日式小碟色彩对比；去壳的明虾刻意地使其直立，拉拔出长盘平面中立体优雅的姿态，左右两侧的视觉让视觉得到完美的平衡。

餐具哪里买｜nest 巢·家居（圆碟）、LEGLE（长盘、方盘）

高低起落的圆满意味
乌豆荫油半煎煮船钓鲈鱼佐鸡汁开阳娃娃菜

Plating Idea｜北投丽禧温泉酒店　雍翠庭主厨林祺丰，副主厨江文荣、林宗懋

秀盘 + 圆碗

□ 层次

本件摆盘设计，同时呈现出立体与低陷的层次趣味，摆盘的主体是一件具有三个圆形凹槽的秀盘，分别对应三个大小不一的圆碗。由于本道料理使用的是船钓鲈鱼，联结到讨海人对于圆满的祈愿，故使用这个具有三个圆形的秀盘。而在圆形的食器中，又再利用挖球器，将根茎类配菜制作成球状的造型，圆中带圆的表现，感觉非常有趣，更呼应了整体摆盘的圆满概念。

说明

鲈鱼是料理的主角，先煎再红烧，搭配使用糖与荫油调制而成的酱汁，适合放在秀盘中有凹陷的位置，以免酱汁流出。如放在圆碗中，则容易感觉受到限制，减弱了主菜的气势。主厨将作为主菜的鲈鱼摆放在秀盘的凹陷处，其他两个位置则对应放置，相符的圆碗装盛娃娃鱼与其他地根类配菜。高低层次的对比差异，使得作为主食的鲈鱼很轻松地便能引起注目。

餐具哪里买｜RAK

层次 04

异材质组合，创造高低层次
四小福

Plating Idea ｜ SEASON Artisan Pâtissier　创意总监洪守成

▮◉▮ 黑面方砖＋玻璃酒杯

 ＋

直接以平面正方形的瓷砖作为盛装点心的盘面，再搭配一个带有高度的玻璃小酒杯，让平面与立面同时存在，以简驭繁的巧思创造高低层次，借以让美丽的糕点形貌完整呈现。

说明

这道四小福综合点心，运用清透玻璃质感的小酒杯盛装水果茶冰沙，放置于右后方拉高视觉高度，也由于方砖内共有四个点，故分别将百香果草莓软糖、柠檬玛德莲及杏仁柚子球、点心放置于在其余三个点上。

餐具哪里买 ｜一般餐具行

造型 | 方圆造型差异 左右饮食心情

造型 01 | 方便食用引人食欲

台味蒜茸蒸大虾佐肉臊咸水意面

Plating Idea ｜ 北投丽禧温泉酒店　雍翠庭主厨林祺丰，副主厨江文荣、林宗懋

腰子盘 + 叉子

本件眼睛造型的腰子盘，造型上相当可爱。食器造型的特殊性已具有足够的视觉注目度，因此在搭配上，可使用基本的刀叉来配合。比较特别的一点，主厨贴心地在叉子上卷上了咸水意面以方便食用，横向的摆放使其外露出盘中的空间，使整体摆盘增加了造型的变化感。

说明

先条状地铺设红凤菜，再把枸杞间隔地放置在红凤菜的上方。叉子摆放的位置在于腰子盘的中央，具有置中均衡的作用，右侧外露的叉子尾端，巧妙地激起食用者拿起叉子的欲望！

餐具哪里买｜RAK

<table>
<tr><td>造型
02</td><td></td></tr>
</table>

餐巾布衬底，黄黑显眼对比

烤面包

Plating Idea ｜ SEASON Artisan Pâtissier　　创意总监洪守成

🍽 **白色圆盘＋餐巾布＋蛋糕模具**

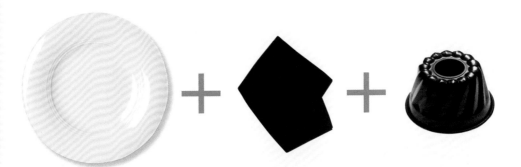

选择一个黑色烤蛋糕模具作为摆放面包的容器，巧搭同为黑色系的餐巾布，并选择白色圆盘衬底，运用塑形的模具当作上桌的容器，别具新意地颠覆用餐者的想象。

说明

将圆形白盘放于底端，再把餐巾布铺盖于模具内，让烤得酥香脆的热腾腾的面包，在餐巾布的包覆下更添乡村田园表情，而实质则有暗藏避免空间过宽导致面包松散不美观的另一重考量；且烤至微焦脆金黄的面包，在黑色的衬托下反而更加突出、亮眼。

餐具哪里买｜一般餐具行

造型 03

圆面偏移巧呼应
恰恰沙拉

利用器中器的概念，可做出造型的呼应。下层盘面的直径必须比上层小盘多出约 1/3，比例上才可有效让食器从视觉中跳出。上层圆盘的摆放也可稍微偏移，下方盘面则可加入画盘或其他配菜装饰。

Plating Idea ｜ 台北国宾大饭店
A Cut Steakhouse 主厨凌维廉

圆形平盘＋圆形陶盘

餐具哪里买 ｜ JIA Inc.（大盘）、nest 巢・家居（小盘）

造型 04

古典优雅的简约印象
金钱炸虾饼佐台味鲑鱼卵黄瓜泡菜

若想呈现出优美素雅的简约印象，则可使用单一的汤匙加入摆盘设计。汤匙摆放的位置也可以另做变化，不一定要非常规矩，些微的倾斜有时候反而可以带来画面的新鲜感。

Plating Idea ｜ 北投丽禧温泉酒店
雍翠庭主厨林祺丰，副主厨江文荣、林宗懋

白色平盘＋中式汤匙

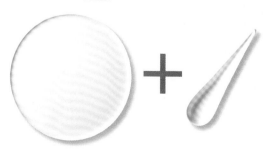

餐具哪里买 ｜ JIA Inc.

<table>
<tr><td>造型
05</td><td></td></tr>
</table>

精致食器配搭高雅形象
台式经典佛跳墙

Plating Idea ｜北投丽禧温泉酒店　雍翠庭主厨林祺丰，副主厨江文荣、林宗懋

🍽 环状枫木盘＋茶器

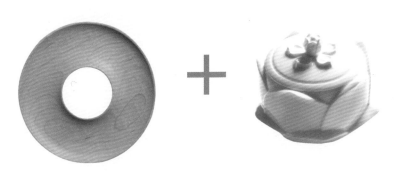

由于本道料理使用装盛的食器造型较为小巧精致，因此主厨巧妙地将中空的原木圆盘翻转，将原木的材质与其中央镂空的造型设计纳入摆盘的整体考量之中。圆盘弧起的高度，正好可以与食器契合。花开造型的小巧食器，在造型上已十分抢眼，搭配上翻转后的木盘，在造型上不仅显得安定，也相当具有创意。

说明

佛跳墙适合搭配秀盘使用，单一的汤碗可能会移动倾倒，加入秀盘的衬底，也具有实用的机能。摆放佛跳墙的食材顺序可兼顾实用与美观的需要。煮熟时最下方食材需要较强的热源，所以淀粉质的食材要放最下面，中间放肉类，最上层可摆放高级的食材，供食用者欣赏。

餐具哪里买 ｜八方新气（茶器）、
Prime Collection（环状盘）

摆盘的 4 个关键字

材质 | 援引不同素材 变化摆盘形式

材质 01

绿意草皮，浸沐田园野餐时光
综合饼干

Plating Idea ｜ SEASON Artisan Pâtissier　创意总监洪守成

🍴 人工草皮＋环状枫木盘＋椴木茶碟＋饼干夹

用一块人工草皮当作餐垫，与上方的点心对比，取之大自然常见的"草地"与"树木"设计概念，意外地能够突显出饼干的艳美，偶而跳脱生冷的餐瓷食器，将日常生活的常见元素带入摆盘设计，说不定也能发现令人眼睛为之一亮的呈现方式！

说明

在好似甜甜圈造型的枫木点心盘上，以围绕方式摆放七个法式精致点心，而左侧茶碟上摆放一支点心夹，让享用美味甜点时亦能散发优雅闲适的氛围。

餐具哪里买 ｜ 园艺店（草皮）、Prime Collection（盘碟）、一般餐具行（夹）

材质 02

古朴真挚的台式情境
福佬红糟鸡

Plating Idea ｜北投丽禧温泉酒店　雍翠庭主厨林祺丰，副主厨江文荣、林宗懋

长形木秀盘＋长形红地砖＋粉釉盘＋玻璃小碟＋圆形荷叶

此道摆盘使用了几种不同元素的食器组合，虽然揉合了多种材质，但不论是料理或食器的选择，主厨都有意识地将之整合。整体摆盘呈现了均衡且素雅的优美画面，逐步叠上的食器摆盘，不仅不会让人感觉突兀，反而能够引发食客对于料理的想象。食材与料理的交融体现了精巧的怀念情境，不同元素的材质结合，反而有助于建构料理中的特定情境。

说明

红糟是具有深厚历史的传统料理，所以选择具有复古意味的石砖与木头秀盘，增加历史感。放置于手工釉盘的红糟鸡底部加入一片荷叶以去除油腻感，用了堆叠的手法提升出高度，并摆放直立的姜片引导食客食用，配菜甜豆被刻意剖半并露出豆粒。在美味的口感之外，食用者可以感受到的，还有主厨灌注在料理之中的深厚淳朴的台湾情感。

餐具哪里买｜特别订制（秀盘）、一般餐具行（玻璃小碟）、mad L（粉釉盘）

材质 03

粗犷与纯净，差异形象和谐并呈

香煎鸭肝

Plating Idea ｜台北国宾大饭店
A Cut Steakhouse 主厨凌维廉

仿板岩餐瓷 + 白色圆盘 + 长方形平盘

衬底使用深黑色的仿板岩餐瓷，但不直接将料理摆放于其中，让食用者欣赏食器材质。此块瓷土烧制成的仿板岩餐瓷，刻意做出如岩面不规则的纹理，带出原始风味；上方各摆放素雅的圆形与长方形盘，结合不同质感的纹理，视觉效果鲜明！

餐具哪里买｜REVOL（餐瓷）、IKEA（圆盘）、SERAX（长盘）

材质 04

食材做秀盘，传达深刻饮食美学

陈皮万丹红豆沙

Plating Idea ｜北投丽禧温泉酒店
雍翠庭主厨林祺丰，副主厨江文荣、林宗懋

透明圆盘 + 灰釉圆盘

把料理所使用到的食材，完成排列呈现，在视觉上就能体会料理的风味。此道摆盘特别突显食材的重要性，在盘中铺满红豆之后，依环状方式排列陈皮蜜饯、乌梅、冰糖、龙眼等食材。把食材直接摆放出来的创意，也够激起食用者用餐的趣味性。

餐具哪里买｜IKEA（透明盘）、mad L（釉盘）

材质 05 多元素摆盘概念， 餐巾布消弭锅具生硬感

蚕豆汤

Plating Idea ｜ 台北国宾大饭店　A Cut Steakhouse 主厨凌维廉

长方形盘 + 黑色铸铁锅 + 餐巾布 + 透明小酒杯 + 汤匙

选择一长方形白盘为底，刻意将餐巾布折成等大的正方形，衬于黑色铸铁锅下方，目的是希冀借由柔软的布面质感，弱化铸铁锅高温与生硬的视觉感受。由于左侧的汤品面积与色彩较重，为了平衡视觉的感受，主厨便运用了多样材质的结合，来营造视觉上的多样感，以消除这种左重右轻的不均衡。

说明

长盘的右方主厨利用玻璃酒杯盛装配料，加入红绿色彩的番茄丁与青豆，下面的空白摆放两条交错呈现的酥脆面包，作为汤点食用的配菜，多种材质的摆盘，丰富搭配与食用的不同需求。左侧摆放装有蚕豆汤的铸铁锅，但主厨在此加入了餐巾布的垫衬，加入布质材料，提升摆盘的温暖印象！

餐具哪里买 ｜ NARUMI（盘）、Staub（锅）、PEKOE 食品杂货铺（匙）、一般餐具行（杯）

8大基本烹调
名家主厨的摆盘宝典

煎
Pan frying

鲜嫩欲滴的金黄干贝与青翠绿意的青豆仁酱，在带
有些微弧度与绿色盘缘的圆盘中构成亮眼的视觉画
面。刻意选择与青豆同色系的芝麻叶、荷兰芹酱汁
加以点缀，使整体呈现出写意的大自然意象，素雅
中衬托料理活泼盎然的生命力。

嫩煎干贝 Plating Idea **1**
汤匙绘出写意自然

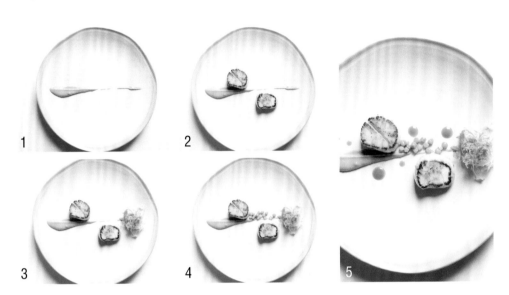

摆盘方法

1　利用汤匙挖一球青豆仁酱，如写书法般带点倾斜的角度由左至右轻抹于圆盘中央，创造出从重到轻的自然随兴感，好似书法一般地在盘中优雅地留下一道绿。

2　以青豆仁酱为线，将煎好的两块干贝在近盘中央处错开各放上一块。

3　为使整体视觉比重更加平衡，取提味的芝麻叶集中放置于青豆仁酱最末端。

4　在干贝与芝麻叶中间一段平均排列青豆仁，在平盘中营造出立体感。

5　最后再将同为青绿色的荷兰芹酱汁，于干贝周边点缀出大小不一的圆点。

餐具哪里买｜一般餐具行

材料｜干贝、青豆仁、豆苗、芝麻叶、荷兰芹等

做法｜先将煮熟的青豆仁与荷兰芹分别用果汁机打成浓稠状作为画盘的备料；并将两块新鲜的干贝下锅煎至五分熟，使表面呈现些许金黄焦脆感即可捞起。

嫩煎干贝 Plating Idea 2

豆苗与豆仁交织的自然乐章

餐具哪里买 ｜ JIA Inc.

在边缘微微翘起弧度的平盘中，引导视觉聚焦于食物本身，在一片净白中抹上青豆仁酱汁，并将鲜嫩多汁的干贝以及豆苗、豆仁均匀地布满于酱汁上。大面积留白不仅强调了主角的存在感，加上陪衬配角的巧妙搭配，仿佛像音符一般在绿色乐谱上自在悠扬。

摆盘方法

1 用抹刀取适量的青豆仁酱涂抹于白瓷盘中间，尾端自然抹出飞白效果，使绿色的青豆仁泥呈现出一道较宽的面。

2 分别在左右两边各放上一块煎好的干贝，不用刻意水平对齐，而是上下制造出随兴自然感。

3 小心地将青豆仁不规则撒放于青豆仁酱的空白处，并可在右边飞白处增加豆仁的数量。

4 让小朵豆苗呈S形围绕于干贝与青豆仁上方。

5 洒上橄榄油后再点上几滴颜色较深的西洋芹酱汁，使其于一片绿意中亦能创造出光泽与层次。

南乳鸡腿本身带有橙黄的浅色调，为了营造对比，刻意选用黑色的餐盘作为摆盘的食器。用黑色作为大面积的基底，再于其中加入了红、橙、黄、绿等不同色彩的装饰，整体摆盘的视觉效果缤纷且稳定，深黑色的食器不仅能够映衬出蔬果食材的鲜味，也强化了本道料理的色彩丰富度。

南乳鸡腿 Plating Idea 1
色彩对比的配菜交响曲

摆盘方法

1 在黑色的盘面上，挤上一大滴胡麻酱，以汤匙刮画出半弧状的轨迹，并在尾端轻点出五个由大至小的圆点。

2 逐步加入配菜，先摆上煎过的栉瓜，再将西芹丝与胡萝卜丝团摆在旁边，成为色彩的点缀。并在旁放上剖成 1/4 的无花果，最后将芦笋一根根斜倚其上。

3 把煎过的南乳鸡腿，以斜刀切成厚片，为了取得主菜与配菜的平衡，在此只放上两片鸡腿肉。用喷火枪微烤鸡腿的表皮，以营造口感的变化。将两片鸡腿肉放置在栉瓜上。

4 最后以胡麻酱在芦笋上挤出 Z 形线条，并撒上食用的玫瑰花瓣，增加更丰富的色彩点缀。

餐具哪里买 | IKEA

材料 | 鸡腿、白糖、南豆腐乳、白酒等

做法 | 将鸡腿、南豆腐乳、盐、白糖与少许酒倒入碗中拌匀，鸡腿过味后即可下锅，以小火将鸡腿煎至黄色后即可捞起，最后以斜刀切为厚片，并用喷火枪微烤鸡腿表皮。

摆盘秘诀…

在放置切丝的配菜时，可以先用手掌将之轻压出球状的造型，先固定形体再确定摆放的位置，以免到处散落。

南乳鸡腿 Plating Idea 2

清爽简约的主副食色彩风景

1
2
3
4
5

餐具哪里买｜IKEA

在使用纯白的食器进行摆盘时，为了避免食用者对于鸡腿产生重口味与油腻的印象，主厨先是减少了主材的分量，并加入了大量的蔬果配菜，利用绿、红、白等多样色彩的元素，传达出清爽、天然的感觉。难得的是，在绿意盎然的摆盘设计中，作为主材的南乳鸡腿肉毫无违和感，主厨在鸡腿肉与下方的配菜之间巧妙地以剖面的无花果当作过渡，食用者的视觉动线也因此能够快意地悠游于这片多元茂盛的盘中风景。

摆盘方法

1　使用巴萨米克黑醋在盘面画出藤蔓般的抽象图案。

2　煎过的芦笋平行排列于盘子的一个角落上，对应图案的线条。接着摆放西洋芹、白萝卜丝、胡萝卜丝。

3　间隔地放置小番茄丁与花椰菜片。

4　在平铺的芦笋上放置两厚片南乳鸡腿，一旁斜倚着无花果。

5　萝卜丝上轻点上几滴巴萨米黑醋、并撒上七味粉提味，在鸡腿上以胡麻酱挤上线条，最后摆上紫苏花嫩枝，作为整体摆盘的视觉焦点。

摆盘秘诀…

画盘的笔触取决于容器的口径与酱汁的稠度，愈黏稠的酱汁，流出的速度愈慢，画盘时会愈好操作。

香煎马头鱼　Plating Idea 1
与食材本身线条结合的摆盘方法

鱼的造型一般为流线型的姿态，因此适合选用造型狭长的盘子。透过画盘的线条结合，与主题、盘饰彼此呼应，视觉上平行的几道线条，仿佛鱼儿游动的水流。

餐具哪里买 │ 全球餐具

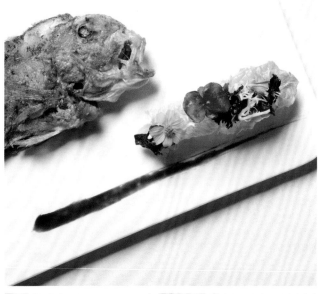

1 将马头鱼摆放于盘面上半部偏左边，鱼头对准右方。盘面的下半部，以刷子蘸照烧酱，由中央至右刷上线条。将小番茄对切，摆放在线条的尾端上方。

2 番茄上放上一片萝蔓，其上摆上红卷须与绿卷须，以及几朵食用花卉。最后于鱼尾下放上切片胡萝卜，以平衡画面。

摆盘秘诀…

整条鱼一般适合长盘，只要搭配流线的画盘意象，即可轻松创造出动感的视觉美感。唯须注意适当留白，避免盘面拥挤，造成鱼儿动弹不得。

1 **2**

材料 │ 马头鱼等

做法 │ 将马头鱼去鳞之后，放入高温油锅中炸至金黄色，有酥脆的感觉即可捞起。

香煎马头鱼 Plating Idea 2
简单刀工带来活泼的视觉

中式料理中，常于盘面上摆放雕刻过后的小摆饰，此道摆盘即利用中餐常用到的简单刀工，将柠檬片做简单的造型处理，使之成为整道摆盘的视觉重点，也让人马上理解到本道料理可搭配柠檬汁食用。而此摆盘设计，同样使用了长盘，但在造型上却加入深浅变化，不仅有助于聚焦主材，上下方的条纹盘饰也替本件摆盘带入水面波纹的流动意象。

餐具哪里买｜全球餐具

1　此长盘中央略呈凹陷，将马头鱼置于其中，鱼头朝右。柠檬切成四瓣，取两瓣剥皮至 2/3 处，柠檬皮自一头纵切一半后折起，置于鱼背上方。

2　鱼头下方摆上三粒南瓜丁，挤上绿茶酱，再放上两片薄荷叶，薄荷叶的展开方向需一致，才不会显得凌乱。鱼尾上方放上 1/2 颗金橘，一旁摆上装饰的食用叶片，让盘子对角呈现视觉的对称。

摆盘秘诀…

中式料理可以运用简单的食材雕刻增加摆盘上的趣味性，像是初学者能掌握的兔子、叶子，或较为复杂的龙虾、花朵。此类雕刻物建议采用盘面本身的配料，以水果类为佳，让配料呈现画龙点睛之感。

1

2

季节时蔬衬香煎鸡肉 Plating Idea 1
呼应食材口感的几何层次交叠

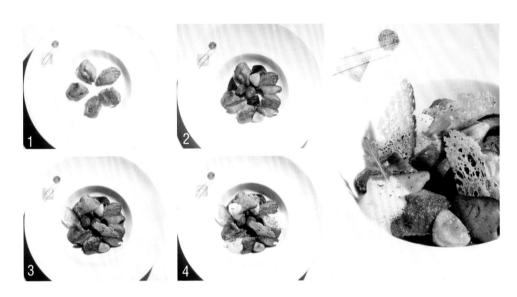

考量到这道料理会带有一些酱汁，因此在餐具的选用上，主厨使用了圆形汤盘，料理的酱汁会堆积在底部，也方便食用时蘸取。摆盘上集中食材于中心，与大面积的盘边留白形成强烈对比，并呼应边缘的点缀图案。食材依据不同质感间隔摆放，呼应本道料理的口感——可同时品味到软嫩与酥脆，互有差异但又紧密并置的食材呈现，就是本道料理的趣味所在。

餐具哪里买 | Bernardaud

摆盘方法

1 将煎过的鸡肉摆放在汤盘中央，排列成星形。

2 在围成星形的鸡肉间，摆放上蘑菇与杏鲍菇。

3 淋上熬煮的鸡汤酱汁，并摆放上烤过的薄脆面包片，强调出汤盘的高低起伏。

4 最后加上蘑菇泡沫与芝麻叶，提升口感与视觉的层次变化。

RECIPE

材料 | 杏鲍菇、蘑菇、鸡肉、鸡汁、洋葱、奶油、卵磷脂等。

做法 | 将去骨的鸡肉、杏鲍菇与蘑菇，浸泡在鸡汁中卤煮四小时，入味后将鸡汁放置在铁板上微煎。把蘑菇和洋葱一起炒软，加入蔬菜高汤，加热10分钟后盖上保鲜膜冷却一小时，过滤后加入奶油与卵磷脂，加热至80℃后冷却，再以搅拌器打成泡沫即可完成蘑菇泡沫。

季节时蔬衬香煎鸡肉 Plating Idea 2
大方食器中的对比印象

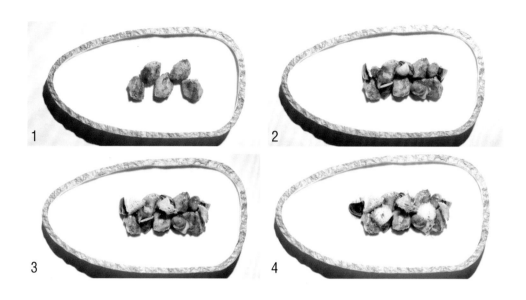

1

2

3

4

餐具哪里买 | Bernardaud

第二种摆盘的设计，主厨选用了蛋形汤盘，食器的边缘并带有不规则的断面，食器造型的设计特殊而高雅。盘面虽大，但主厨却刻意集中食材的摆放，留出大量的空白，营造出纯粹但印象强烈的感觉。

摆盘方法

1 将鸡肉呈两列交错并放于蛋形汤盘，偏向后端，保持另一端较多留白。

2 鸡肉之间预留的空隙填上蘑菇与杏鲍菇，相同菇类间隔交错着摆放。

3 把面包薄片直立插放在鸡肉与蘑菇的间隙中，浇淋上鸡汁，淋洒时分量慢慢增加，不宜一次过多而导致口味太咸，不足的部分可逐步增加。

4 最后点缀上蘑菇泡沫，并在泡沫上撒一点红椒粉，制造色彩变化，放上芝麻叶，摆盘设计即告完成！

蒙古骰子牛 Plating Idea **1**

配菜画盘带入色彩动感

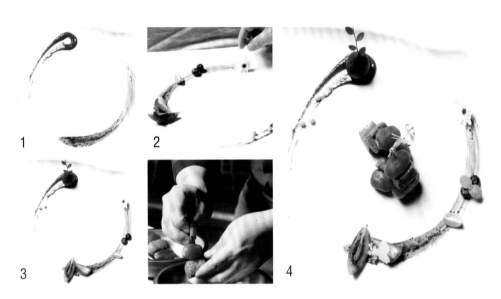

1

2

3

4

为了展现西式画盘的技巧，选用有简单线条的白色方形瓷盘，画盘一左一右的圆弧线，增添了盘面的韵律感。由于主食牛肉本身色彩较微偏暗沉，为了增加盘面中的视觉变化，黄师傅选用多色的小果子作为搭配。

摆盘方法

1 以玫瑰花酱汁、照烧酱汁作为画盘的颜料，在盘面上以刷子画出两条圆形对称曲线，两曲线不需头尾相连，稍微留下飞白处，可增添美感。

2 在一条曲线的下笔处放上切片小番茄等，线条上摆上胡椒粒、金橘、食用花等小型食用饰品。

3 在另一条曲线的下笔处放上西洋梨，让切片小番茄等互相呼应。

4 于正中央摆上以竹签穿好的骰子牛肉串，放上糖箔、松柏叶作为装饰，增添盘面色彩的丰富程度。

餐具哪里买 | 昆庭

材料 | 小番茄、牛肉等

做法 | 将牛肉切成骰子般大小的方块，并简单腌渍之后干煎，加上小番茄，穿成骰子牛肉串。

Recipe

摆盘秘诀…

骰子牛肉串选用小番茄与牛肉穿成一串，是因为小番茄的口感可以去除牛肉的油腻。小番茄剥皮时可先放入滚水中烫熟，在其尚未软化之时，捞起剥去外皮即可。

蒙古骰子牛 Plating Idea 2
堆叠方式创造整齐美感

1　2　3　4　5

餐具哪里买 | 昆庭

摆盘秘诀…

因使用堆叠的方式，故在准备堆叠的食材时就要非常小心，要特别注意各种食材的特性，避免因烹煮后，食材缩水或者膨胀造成的误差，食材的大小愈工整，本道摆盘就会愈美观。

肉类可以切成小块处理时，堆叠的摆盘方式就十分好用。这一类摆盘特别需要注意工整、协调、平衡的概念，小技巧是将需要堆叠的食材，切成大小相等的形状，可帮助建立工整的视觉美感，减少失败的机率。

摆盘方法

1 在盘子中央的凹陷处倒入南瓜浓汤，作为盘面的基本颜色。

2 将切成块状的骰子牛肉以及切成块状的甜菜、马铃薯，摆放在盘中。

3 堆叠成三层高度，最下一层的方块最多，向上逐渐减少，牛肉与蔬菜可以交错搭配。

4 将甜椒、青椒、红椒切成碎丁，堆放在最上层，增加盘面色彩丰富度。

5 最中间的牛肉块上摆放松柏叶，制造视觉焦点。于南瓜浓汤中撒入不同颜色的颗粒，避免汤面颜色单调。

中餐向来偏好圆盘，在西餐中长盘却是时常使用的餐具。西餐对于摆盘装点都更为讲究，使得用餐也成为一门视觉飨宴。长盘在这道料理的运用中堪称最佳示范，将几样海产品：海鱼、胭脂虾与小卷、干贝放置于长盘的左中右三个位置，海产品中的空间，又以各式蔬菜加入填补，不仅在视觉上充满享受，品尝时也可以细细品味几种海鲜呈现出来的殊异的美味口感！

海鱼胭脂虾与小卷 Plating Idea **1**
排列式摆盘展示食材色彩趣味

摆盘方法

1 将煎好的海鱼、胭脂虾与小卷、干贝，分别放置于长盘的左侧、中间、右侧三个位置，其中小卷衬在虾下方，做出高度，让其有各自的舞台空间。

2 将甜豆置于干贝旁，迷你胡萝卜放置于干贝与胭脂虾之间，使其中加入色彩的变化；将玉米笋放置于胭脂虾与海鱼片之间，再将栉瓜片垫于海鱼片下方。

3 放入甜菜，蔬菜类主要是中和口感及强调视觉作用，所以可随个人喜好配置。最后于干贝与胭脂虾之间再放上蛤蜊肉，小卷脚斜放于海鱼片侧方，拉出视觉延伸感，再将以番红花及海鲜高汤调和而成的酱汁，均匀淋洒于所有食材上即可。

餐具哪里买｜
皇家哥本哈根手绘名瓷

材料｜海鱼、胭脂虾、小卷、干贝、蛤蜊、葱、玉米笋、栉瓜、甜豆、甜菜、迷你胡萝卜、海盐、酱油等

做法｜将胭脂虾洗净剥壳，海鱼切片，小卷切段，玉米笋、栉瓜切片，胡萝卜及甜菜皆切一小段。在锅内放少许油干煎海鱼片、胭脂虾、蛤蜊、干贝等，撒少许海盐提味即可起锅。再将蔬菜下锅继续干煎。最后全数起锅，再一起摆盘即可。

海鱼胭脂虾与小卷　Plating Idea 2
构图平衡的交错间隔摆置

1　　　　2

圆盘和长盘的摆盘可以有截然不同的风格，特别是大型的圆盘，在食材设置时，松散与紧凑之间的拿捏相当重要。游主厨在这件摆盘作品中展示了稳定且均衡的视觉效果，整体摆盘呈现出安定而平静的闲散风景，看似随意滴落的艳黄海鲜酱汁，更为整件作品带来一股暖意。

摆盘方法

1　将海鱼、胭脂虾、小卷、干贝等主食材，与体积较大的枸瓜片、甜菜等，平均铺置于盘中。再将长条状的蔬菜如玉米笋、甜豆、胡萝卜等，或是叠放、或是倚靠于一旁。

2　最后以酱汁小心滴出大小、形状不一的圆点，以均衡为前提，淋洒勾勒于圆盘的空白处。

餐具哪里买 ｜ JIA Inc.

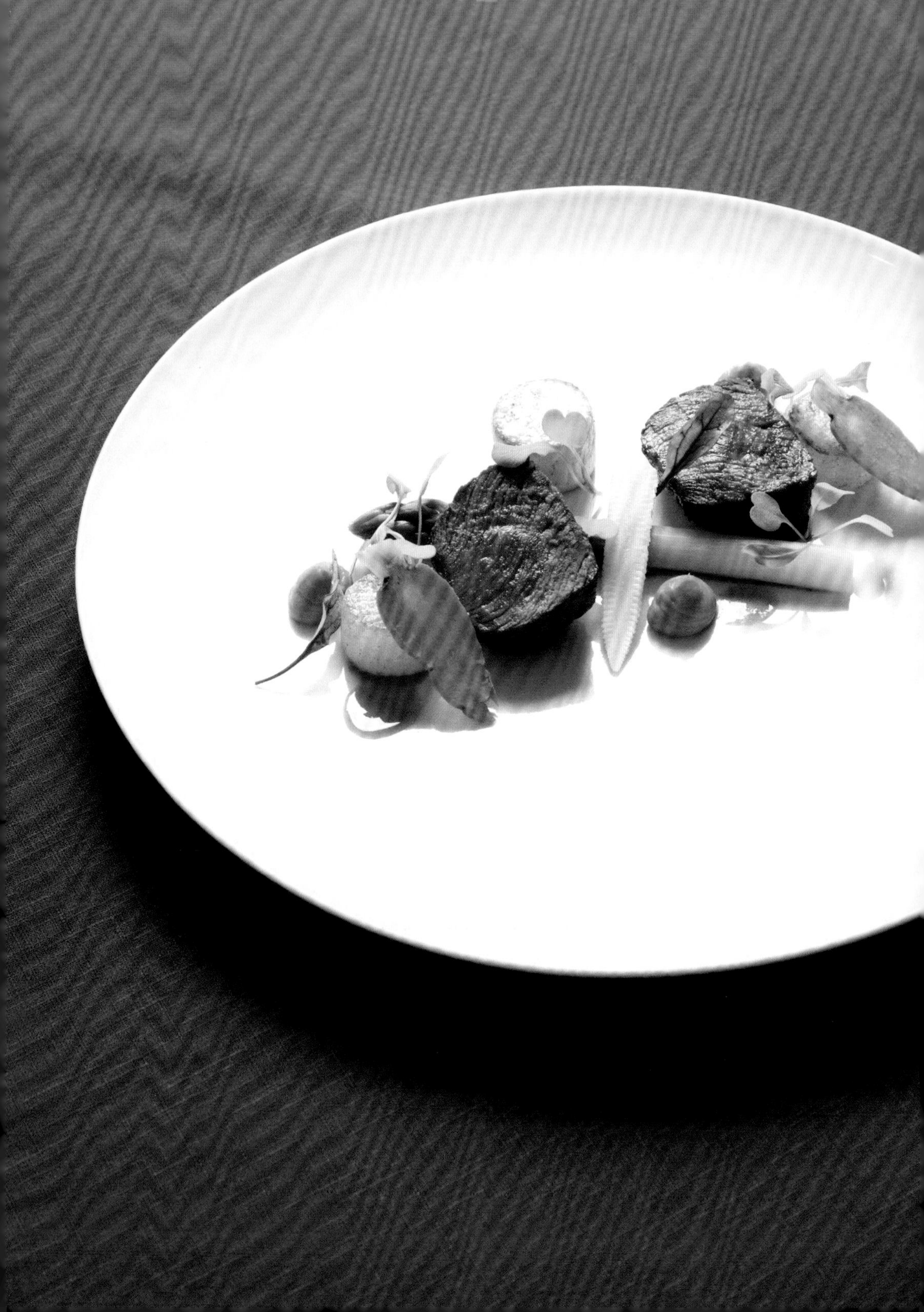

法式小羊排 Plating Idea 1
对切剖面的自然对称感

视觉上蔬食的剖面，与可看见鲜嫩肉质纹理的对切羊排相互呼应，享用时可看见食材的新鲜原貌，像是以现代料理艺术来回敬原始自然的食物本质。

摆盘方法

1 选择一面大白瓷盘将芦笋斜放于正中央，再将微煎的白萝卜间距一致地放置于左、右、上方三个点上。

2 在白萝卜的间隔中摆放对切的两块羊排，将略带粉红色的肉面朝上，更增让人食指大动的欲望。

3 把切得极薄的胡萝卜片分别斜盖在左右两边的白萝卜上，并将剖半的玉笋片放在芦笋上呈交叉状，使整个摆盘皆可看见食材最原始的样貌。

4 在白萝卜对称的三角处各挤上一滴胡萝卜泥，并于空白处点上肉汁，最后铺上豆苗、芝麻叶以及牛血菜，使整个摆盘充满层次与立体感。

餐具哪里买 | Furstenberg

RECIPE

材料 | 羊排、白萝卜、小胡萝卜、玉笋等

做法 | 先把羊排放在平底锅上煎至表面焦脆后，再放进烤箱烘烤出软嫩的五分熟，使其对切后能看见淡红色泽。同时将白萝卜切出与羊排齐高的圆柱块状并煎熟，并把煮熟的小胡萝卜与玉笋切成细薄片状，待摆盘时点缀用。

法式小羊排 Plating Idea 2
保留食材纹理造型的自然派风格

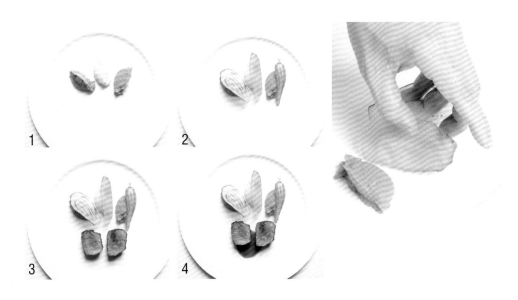

由于食材本身拥有多种深浅明亮不一的色系，因此可选用干净但盘缘又带有细微纹理层次的白瓷为底，使整体缤纷却不繁乱。并将配菜分成薄片与泥状两种方式呈现，使整体画面更具主题性，于食用时也可增添清脆与绵密的多样口感。

摆盘方法

1. 将淡色洋芋泥以汤匙塑成椭圆状，放置于盘面上方中间处，并于左右两边分别摆上较为深色的茄泥以及鲜艳的胡萝卜泥。
2. 将切薄到透光的茄子、洋芋与胡萝卜薄片分别铺盖在泥团的右侧边，使其呈现出若隐若现的神秘感。
3. 再将两块羊肉内面纹理朝上平放于蔬菜泥团的下方，让整体视觉画面增加鲜嫩的淡红色。
4. 最后为避免破坏羊肉本身漂亮的色泽，将肉汁仔细地浇在羊肉的底部，尽可能让盘面保持干净，增加用餐者的飨食欲望。

餐具哪里买 | IKEA

摆盘秘诀…

将蔬菜煮至软烂后即可打成菜泥，而在制作泥团步骤时，可用两个汤匙交互分别塑形出立体似叶状的长椭圆形，并切记避免大小不一的状况。

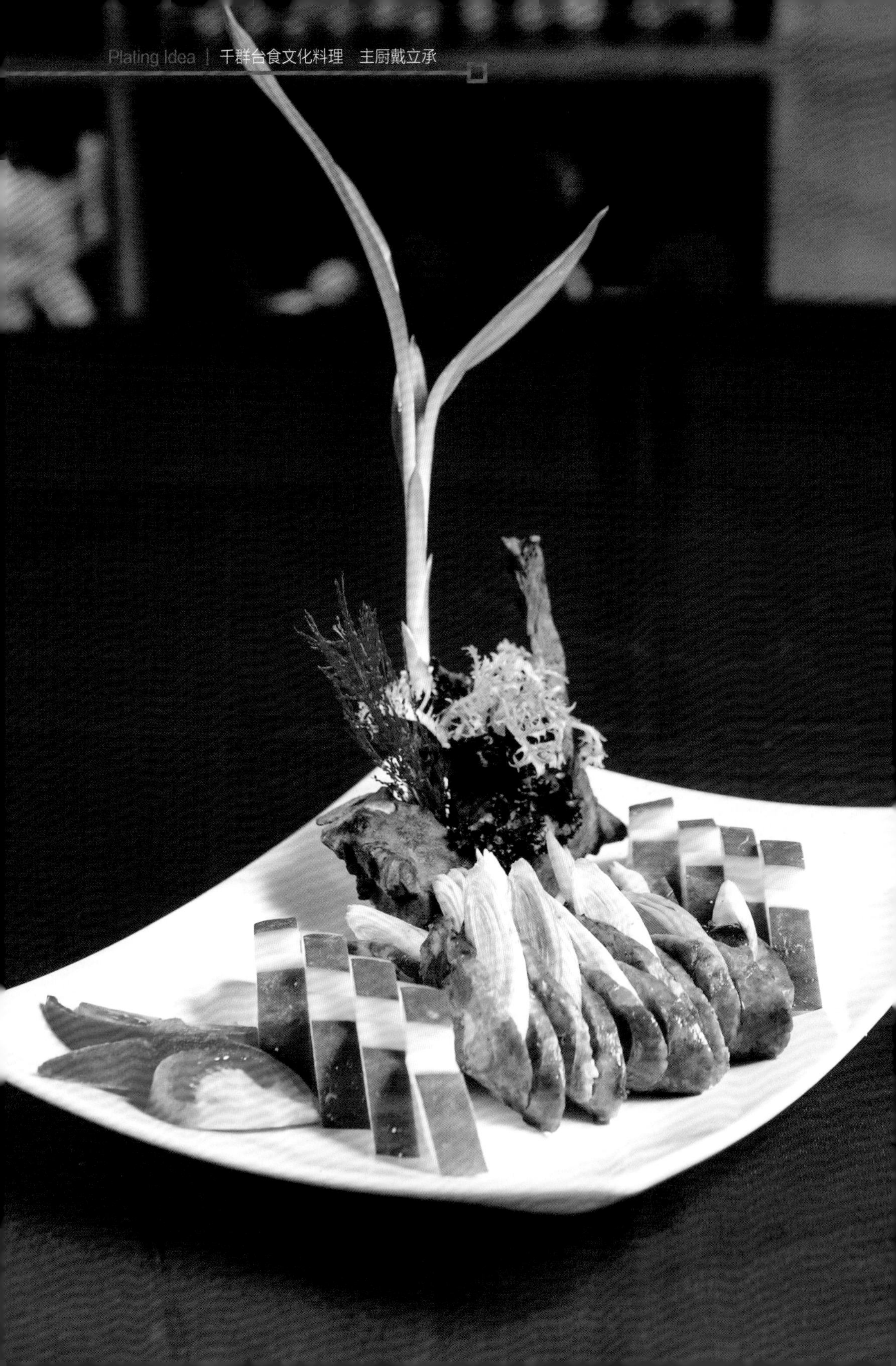

古早味香肠　Plating Idea **1**

刀功变化
增添视觉与口感双重惊艳

四四方方的清爽白盘，四边做出略微倾斜的角度，摆盘时略做搭配，即显设计感十足。盘边可放置高耸的青叶制造冲突效果，底部再以翠绿的山萝卜叶和红紫色系的红蕨搭配，视觉上十分吸睛。将原本单调的香肠以蝴蝶刀处理，再间插青白蒜苗，让人味蕾也跟随起舞。方盘两侧再加以雕工设计的大黄瓜切片做变化，放上翩翩欲飞的红番茄蝴蝶，也令摆盘设计更加丰富。

摆盘方法

1　先在盘边放置景观小石，并放上翠绿山萝卜叶、红蕨等蔬菜作为搭配，再竖立起高耸青叶强化视觉效果。于盘两侧放置雕成格子的大黄瓜切片，排成两排，每排各放四片。注意可令格纹相间，更强化设计感及变化趣味。

2　在方盘一侧放置以番茄排列出的蝴蝶图样作为搭配，可将番茄以圆形切片后切半，使其成为两个半圆。再将半圆上端薄皮略微削起，两两相背放在一起，即成蝴蝶。

3　最后将切片香肠，中间夹上蒜苗切片，放置于盘面中央即可。

餐具哪里买｜IKEA

材料｜香肠、蒜苗等

做法｜将香肠入锅油炸或煎熟，即可食用。盛盘时可直接单吃香肠，或佐以蒜苗、青葱作为搭配，皆十分适宜。也可切片与其他食材拌炒。

摆盘秘诀…

"蝴蝶刀"的切法是指一刀切断食材，一刀未断，使食材能够与其他食材相夹搭配。这类刀法在料理过程中相当常见，十分适合作为食材的变化运用。

古早味香肠

Plating Idea 2

差异材质衬出料理色彩变化

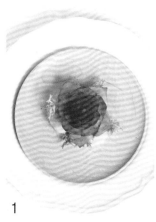

1　　2　　3

白色圆盘边缘勾勒有浅浅的弧度，又似花瓣又似波浪，中央放上浅色木碟作为对比搭配，匠心独具。两种餐具巧搭有时也能产生特殊的相乘效果，木碟与胡萝卜雕花烘托出香肠色泽，青白蒜苗片则与白色花边盘相互映衬。浅色的木碟衬出中央的胡萝卜雕花，再加上香肠片与青白的蒜苗切片排列成相叠圆形，颜色搭配对比强烈，一口香肠一口蒜苗，口感更是绝妙无敌！

摆盘方法

1　将胡萝卜雕花放置在木碟圆孔中，让焦点集中在中央。在胡萝卜花瓣间插置山萝卜叶作为点缀。

2　将香肠片与蒜苗片以横放与纵放的方式交替放置。

3　沿着圆形木碟排列一圈即可。

香煎和牛三明治　Plating Idea 1
单纯焦点主题衬托食器丰富纹理

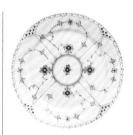

餐具哪里买 ｜
皇家哥本哈根手绘名瓷

椭圆形的香脆法式面包，如同小船载着软嫩的牛肉料理，漂浮于手绘唐草形成的蓝色海洋上。由于盘面花纹已相当复杂，食材可以向上堆叠以避免遮盖美丽的图案。

摆盘方法

1 切片面包微烤过后置于圆盘正中央。将炒至焦糖化的洋葱盖满面包表面。

2 将切片的和牛片肉片层层叠放，铺盖在洋葱上方。

3 将拌过油葱酱与黑胡椒的芝麻生菜堆叠于牛肉片上方。以刨刀将陈年硬质的帕马森起司削出像纸片的薄片，用手辅助卷出缎带卷曲状，随兴地放在肉片与芝麻叶顶部。

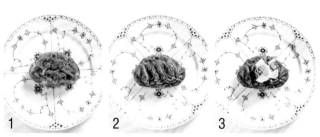

1　2　3

材料 ｜ 顶级和牛、洋葱等

做法 ｜ 把新鲜洋葱放入铸铁锅，并加入少许盐拌炒 20 分钟，使其糖分全部释放，并展现出焦化感；再将特选的顶级和牛煎至约五分熟，使表面呈现油封与焦面效果后切成大小适中的片状。

香煎和牛三明治 *Plating Idea 2*

透明食器扭转食材沉重印象

由于牛肉本身色彩较为深沉，带给人口味浓厚的印象，如果想要在视觉上呈现出平淡简单的风格，也可尝试配用透明的食器，扭转料理的既有印象。透明圆盘本身有爽朗明快的意象，因此可将材料分开摆放，利落地呈现料理食材。并可稍做变化，利用菜叶与肉色装点，再搭配模具拉出高度，让明晰的盘面显得更有生气。

餐具哪里买｜IKEA

摆盘方法

1　面包置于盘中偏右。一旁把圆形模具摆放在左上方，将炒软的洋葱填满后将模具拿起，再将芝麻生菜覆盖在柱形的洋葱上。

2　切成片状的牛肉一片一片叠放在面包上。

3　最后将刨成片状的帕马森起司撕成一段一段地置于牛肉上即完成。

3

1

2

板烧乌贼镶时蔬搭配西班牙腊肠与小辣椒 Plating Idea 1

微观的盘中风景，多元视角的盘饰设计

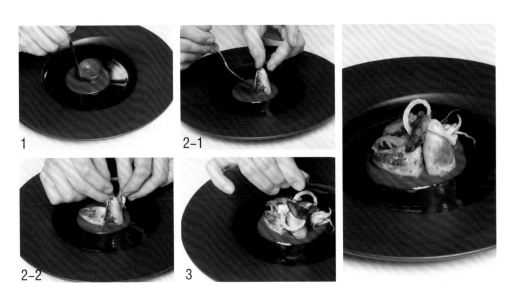

深沉稳重的黑色盘面，衬托出抢眼而艳红的酱汁，再将板烧后的乌贼透过直立与横躺的摆放方式，搭配蔬菜的装点，展现出高低不一的立体层次，突显出料理本身的丰富细节。旋涡造型盘面，让视野跟着环绕进料理中，构筑成一个多元视角的盘中风景。

摆盘方法

1. 用汤匙将艳红的辣椒酱酱汁置入盘面中央，并用汤匙轻划，均匀推塑出一个圆形范围。
2. 将板烧乌贼以直立与横躺的方式放置在酱汁上。
3. 于乌贼空隙间插入日式绿色小辣椒。接着将切成薄片的西班牙腊肠与切成薄片的洋葱圈，套叠或插放在料理的空隙之间。最后撒上些许红椒粉，放上芝麻菜，摆盘即告完成。

餐具哪里买 | Bernardaud

材料 | 乌贼、西班牙腊肠、洋葱圈、日式小辣椒等

做法 | 使用新鲜蔬菜，并利用炖煮后炒的烹调方法，制作出类似法国的普罗旺斯炖菜的馅料。接着将这些内馅塞入小乌贼的内部，再将乌贼与日式小辣椒以铁板煎烧至微焦，最后使用炸过的洋葱圈与西班牙腊肠薄片作为配菜。

板烧乌贼镶时蔬搭配西班牙腊肠与小辣椒　Plating Idea 2
理性规则与明确节奏的交错振幅

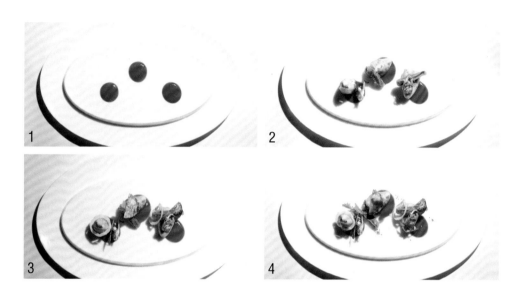

1

2

3

4

餐具哪里买 │ Bernardaud

本道料理的第二种摆盘，Olivier 主厨使用扁长的椭圆盘，盘面的中央又突出了一个椭圆的高台，造型非常特别。由于食器造型偏长，盘面的空间有限，因此主厨选择以横向但上下交错的方式，将各种食材以波浪状的节奏，上下对应来摆设。在有限的空间中，主厨重复相同食材的配置，并在其中又加入不同色彩造型的配菜变化，从成品看来，这是一件高低前后错落有致的摆盘设计，但其中却又包含了不断重复但又各具些微变化的空间与层次秩序。

摆盘方法

1 以汤匙在盘中滴上三小匙辣椒酱汁，采用下上下的交错排列。

2 在辣椒酱汁上依序摆放上板烧乌贼，乌贼刻意使用两个直立与一个横躺的摆放，制造出料理的立体高度与对比差异。在乌贼上摆放小株日式小辣椒。

3 在空隙中错落地放置洋葱圈与西班牙腊肠。

4 为了对应酱汁的错落，在盘面的空间中，间隔交替地滴撒上橄榄油、红椒粉，最后放上芝麻叶，摆盘随即完成。

摆盘秘诀…

因为这道料理需要食用者搭配足够的酱汁才能体验完美的口味，因此为了保留酱汁的厚度，舍弃一般容易导致酱汁太薄的画盘设计。

此类木制的秀盘，大都是用来搭配牛排，木制的衬底可以给整道料理带来温暖的感觉。但是木头本身的色彩和纹理并不足以突显食物的焦点，因此可以透过画盘的方式，加入其他色彩变化，借此主导整体盘面的色彩走向。整件摆盘包含了色彩、木质纹理以及叶菜植物的质感呈现，传达出花园与农场的田园风景。

干式熟成鸭胸
大片木质纹理，快意田园风情

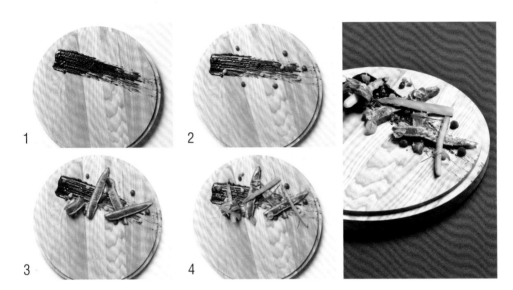

摆盘方法

1　在木制的圆形秀盘上，用墨鱼酱汁进行画盘，用刷子拉出一道豪迈的粗野笔触，刻意留出圆盘的空间纹理。

2　接着在黑底的墨鱼酱汁上，加入胡萝卜泥与圣马沙诺番茄酱，以小点的方式，间隔错落地挤入盘中。

3　鸭胸肉交叉或卷曲地摆放在墨鱼汁上，呼应着画盘的造型。

4　最后摆放上芦笋和配菜的叶片，再撒上荷兰芹末，摆盘即告完成！

餐具哪里买｜一般餐具行

材料｜樱桃鸭等

做法｜本道料理使用干式熟成手法以提升风味，因此重点在于肉质的入味。经过七日的干式熟成，肉质与味道都显得幼嫩丰郁，以铁板香煎后搭配些许酱汁，即可简单提升整体风味。

肉类的料理通常会带来油腻的感觉，但此道香煎石斑佐豌豆仁酱，因为本身的鱼肉味道较为清爽，因此很适合本次使用的堆叠法，除了可以用较为抢眼的层次带来美感以外，也能让人耳目一新，摆脱香煎料理常给人的油腻感觉。

香煎石斑佐豌豆仁酱　Plating Idea 1

黑绿对比色彩鲜明，朴质食器感觉温暖

摆盘方法

1　使用黑色的盘子，让整道料理有十分跳跃的对比色。先在盘身正中央摆上花椰菜、甜椒、红椒、橄榄等水煮蔬菜，分量不用太多，摆放的面积与随后要放上的石斑鱼肉相同大小即可。

2　于水煮蔬菜上摆上石斑鱼肉，直接压在蔬菜上，并撒上些许海盐即可，创造出第一层的堆叠。

3　于石斑鱼肉上摆上菠菜、番茄、洋茴香、金橘，创造出第二层的堆叠。

4　最后于料理的四周，随意淋上一圈豌豆仁酱汁以及些许的橄榄油。淋上酱汁时不需太过刻意，只要自然挥洒即可。

餐具哪里买 | 特别订制

摆盘秘诀…

黑色的盘子通常会给人沉重的感觉，但如果运用得当，也能创造出清爽的风格，秘诀就是要能使用对比色，像是本次使用的石斑鱼肉为白色，因此与黑色盘子对比出跳跃的印象！

材料 | 花椰菜、甜椒、红椒、橄榄、石斑鱼等

做法 | 石斑鱼去鳞之后，切成块状，放入锅中以干煎的方式煎熟；花椰菜、甜椒、红椒、橄榄等烫熟备用。

RECIPE

111

香煎石斑佐豌豆仁酱 Plating 2

浓郁酱汁搭配深色系盘，展现画盘美感

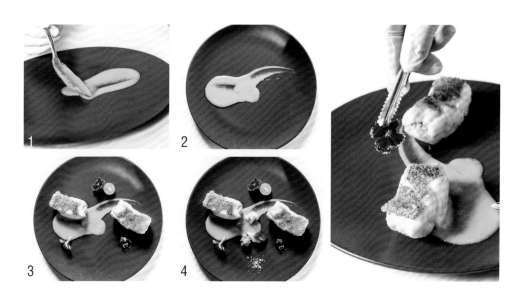

因为本道料理有相当浓郁且抢眼的酱汁，因此第二种摆盘方式选用素面的棕色盘身。盘面本身带有金属光泽，搭配上绿色的豌豆仁酱汁，有一种有趣的冲突。加上少许的食用花，摆盘看起来大胆又创新。

摆盘方法

餐具哪里买 | IKEA

1　于盘中央处，先以豌豆仁酱汁打上底色，滴入酱汁之后，以汤匙背面向一边划开成为线条。

2　此时盘面空间被切成上下两块。

3　将长方形的石斑鱼肉，放置于左上半处与右下半处，约莫是线条的头跟尾，营造一种左右对称的感觉，并于石斑鱼肉上摆上洋茴香，增添清爽的感觉。接着摆上切开的金橘和食用花，呈三角形分布，可以让花朵之间相互呼应，又不会太过散乱。

4　于盘面的中间摆放上水煮花椰菜、甜椒、红椒、橄榄，因为主要表现清爽、简洁风格，所以水煮蔬菜放上三四个即可！并于盘面最下方的位置撒上一小搓海盐，除了作为点缀以外，也能增加调味。最后在石斑鱼上淋上橄榄油，摆盘即大功告成！

秋季鹅肝鸡尾酒
鸡尾酒杯盛装，突显料理时尚感

餐具哪里买 | 一般餐具行

鹅肝本身的造型偏小，可单口品尝，除了使用一般常见的瓷器食器，在摆盘上的空间也更为多元。这里选择了一个鸡尾酒杯，借其穿透的质感，任一视角皆可观赏到料理的形貌，不仅可以看见鹅肝，更能清楚展现出食用花与墨鱼饼干的姿态。在此便可透过食器的使用，定义出料理本身的时尚感。

摆盘方法

1　取三块香煎过后的鹅肝放置于杯子的中央。
2　取黑色的墨鱼饼干一竖一横地叠倚靠在杯面上方处。
3　最后将带紫色的花瓣撒在鹅肝上面。

RECIPE

材料 | 鹅肝、风干无花果、炉烤迷迭香苹果奶油、可可粒等
做法 | 将新鲜的鹅肝以独家佐料进行调味，下锅慢煎后即告完成。

炒

Stir frying

材料｜海瓜子、九层塔、辣椒、蒜头等

做法｜蒜头爆香之后，放入辣椒与海瓜子炒熟，最后于起锅前放入九层塔叶，增添香气后即成。

炒海瓜子 Plating Idea 1
小配饰堆叠出视觉焦点

具有特殊纹路的盘面可能无法画盘，就可用堆叠的方式创造视觉焦点，让视觉能集中于一处。使用新鲜蔬果堆叠，也能增添清爽的感觉，减少热炒类食物的油腻感。

摆盘方式

1　将橙汁滴于盘缘，抹出线条，再摆上卷起的小黄瓜薄片，放上金橘与胡萝卜切片，集中出视觉重心。再撒上各色食用花瓣、叶片等，增添色彩的丰富度。

2　最后将海瓜子置入盘面中央，并尽量将其堆高，创造出层次感。

炒海瓜子 Plating Idea 2
盘面图案就是最佳摆饰

利用盘中既有图案点缀，不再另行画盘，并将料理堆叠偏向一侧，让热炒类的菜色也能创造出简洁的风格。

摆盘方式

1　将海瓜子堆叠于盘面的上半部，约莫占盘面2/3 左右。并尽量堆叠高一点，让海瓜子呈现层次感。

2　将新鲜未炒过的九层塔叶片放在海瓜子的顶端，增添清爽的感觉，降低热炒类食物的油腻之感。

餐具哪里买 | 全球餐具

餐具哪里买 | PEKOE
食品杂货铺

摆盘秘诀…

视觉焦点可置于盘面的上、左、右，唯独不可于下侧，避免违反前高后低的原则，也造成食用料理时的不便。本身即有非常美丽的花纹图案的食器，在使用前则要先观察盘子的正面为哪一方，摆盘时也以能够露出花纹图案的摆法为较佳选择。

剁椒牛肉 Plating Idea 1

不同食器组合，区隔主食与配菜

餐具哪里买 ｜ 一般餐具行

剁椒牛肉是强调重口味的料理，所以配料特地选用了萝蔓生菜来搭配，可以中和剁椒的呛辣。在餐具的选用上，以白瓷系列的长盘来摆放萝蔓生菜，另一侧放置用来盛装剁椒牛肉的白瓷沙拉碗，不但增添了中菜西吃的变化感，也可以展现视觉的多样性。

摆盘方法

1　将洗净的萝蔓生菜剥片并将根部切齐，排列于长盘一侧。

2　将剁椒牛肉以沙拉碗盛装，置于长盘的另一侧即可。

1

2

RECIPE

材料 ｜ 牛肉、西芹、酸豆、萝蔓、番茄、红剁椒等

做法 ｜ 先将牛肉切丁翻炒，再加入切好的西芹丁及酸豆一同拌炒，最后放入红剁椒即可。再将洗净的萝蔓生菜与番茄切好备用，将剁椒牛肉起锅后，再加上适当的摆盘，这道料理即可上桌。

剁椒牛肉 Plating Idea 2

盘面划分区域，多样配菜一盘搞定

有时因每道料理的配菜众多，桌面多种食器并呈，让人搞不清楚哪个配菜该搭哪个主菜。这时可以使用一般必备基本款的白色圆盘，将盘面区隔出不同区域，各放上主菜与配菜。此处的摆盘整体呈现出三种颜色对比，不但可以减少餐具用量，又让这道料理增加了几许可爱又愉快的气息！

餐具哪里买 | JIA Inc.

摆盘方法

1 将洗净的萝蔓生菜剥片并切片，放置于圆盘中间靠近上缘处，再将番茄切片，放置于萝蔓生菜的一侧。

2 将剁椒牛肉盛盘，放置于萝蔓生菜下方即告完成。

菠萝咕咾肉是粤菜的名称，"菠萝"其实指的就是台湾的凤梨，咕咾肉则就是糖醋里脊。凤梨色泽金黄，口感香甜，作为咕咾肉的搭配再适宜不过。青椒、红椒、洋葱也是咕咾肉常见的料理搭配。因为盘面呈椭圆形，所以利用了红橙色的糖醋酱汁以线条来做变化，也利用了凤梨的金黄、青椒的青、红椒与小番茄的红、洋葱的白，来突显视觉上的对比，并别出心裁地使用三角形切片排列，增加几何感的视觉趣味。

菠萝咕咾肉 Plating Idea 1

点线面的几何造型配搭，创造活泼意象

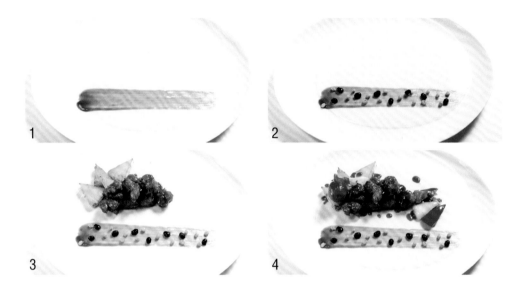

摆盘方法

1　以小刷蘸取调配好的糖醋酱汁，于圆盘左侧向右刷下一道直线，力道由重至轻。

2　在糖醋酱汁上，随兴撒下绿色的豌豆与黑色的豆豉，增加盘面的色泽变化与跳跃感。

3　在盘面的另一侧，与酱汁平行排置咕咾肉，再于一端放置三片切成三角形的凤梨片，并以叠放的方式摆放。

4　再于凤梨旁放置小番茄，并于其上放置一小片番茄果皮，一旁以一片洋葱片做点缀。在咕咾肉另一端，再放置三角形的青椒、红椒及洋葱片，以尖角朝外的方式摆放。最后在咕咾肉及凤梨、青椒、红椒、洋葱上，随意滴洒些许糖醋酱汁，增加画面的跳跃感。

餐具哪里买｜一般餐具行

材料｜猪肉、面粉、太白粉、酱油、盐、凤梨、青椒、红椒、洋葱、糖、白醋等

做法｜猪肉先切块，以酱油或盐腌抹放置后，再蘸些许面粉，下入200℃高温油锅，炸至呈金黄色即可捞起备用。接着取一碗，倒入白醋与糖、些许太白粉等勾芡搅拌，作为糖醋酱汁备用。接着将凤梨、青椒、红椒、洋葱切成三角片下锅，略为拌炒后，倒入糖醋酱汁与炸好的猪肉继续拌炒，至酱料皆均匀包覆食材后即可起锅。

菠萝咕咾肉　Plating Idea 2

传统菜色变身派对小点心（finger food）

1

2

3

4

5

餐具哪里买｜八方新气

最道地的菠萝咕咾肉盛盘方式，其实是以挖空的凤梨，直接作为"盅"的形式装盛。这组以三个不同大小的圆形组合而成的餐具，在造型上十足抢眼，主厨以"凤梨盅"作为摆盘灵感，加入派对小点心（finger food）的串烧概念，摆盘时在凤梨盅里直接放进插取了咕咾肉的串烧，从一口可嚼食的角度出发，强调的是宾客交谈联谊时食用的方便性，凤梨盅和串烧的结合运用，再随意搭配青红椒、凤梨、洋葱的丰富色彩，也让摆盘增添热带风情！

摆盘方法

1 先将挖空的凤梨以横切的方式裁出一片，取菠萝盅的概念，放置于最大的圆形餐具内。

2 将对半剖切的小葱头，平均摆放于凤梨盅外圈。

3 把凤梨块等放入凤梨盅内。

4 取小竹签先插取洋葱片、青椒片、红椒片，再插上咕咾肉、凤梨等变化搭配。然后将菠萝咕咾肉串铺满在菠萝盅内。

5 在最小的圆形餐具中，放置一片紫苏叶和一串菠萝咕咾肉串。在中型的圆形餐具内，放入咕咾肉块、青椒片、红椒片、洋葱片、小葱头等。

打抛猪肉　Plating Idea 1
清爽玻璃食器平衡劲辣重口味

打抛猪肉是一道口味偏重的料理，选用透明质地的玻璃盘，视觉上的清爽可以平衡料理的重口味。透明的玻璃可将打抛猪肉的色泽尽收眼底，更呈现出另一种诱人的口感！

餐具哪里买｜IKEA

摆盘方法

1 将洗净的生菜取两片放置于盘边，再将黄瓜条以井字形交叠放置于生菜旁，并将胡萝卜雕花放置于黄瓜条上。

2 将炒好的打抛猪肉盛入盘中，并将油炸过的九层塔均匀点缀于打抛猪肉旁，增添香气及视觉美感。最后倚靠着打抛猪肉放入香茅，拉高整体摆盘的视觉效果。

1

2

RECIPE

材料｜猪绞肉、小番茄、辣椒、洋葱丁、蚝油、鱼露等

做法｜先将猪绞肉以中火逼油，而后利用逼出的猪油直接再放入洋葱丁、辣椒、小番茄等一起拌炒，最后添加蚝油、鱼露调味，快炒之后即可起锅摆盘。

打抛猪肉 Plating Idea **2**

不对称角度突显摆盘的动态感

利用白色方盘本身不对称角度的有趣对比设计，可以突显摆盘的视觉动态效果。将打抛猪肉置于方形盘的 2/3 的角落，再点缀配菜于对角线的角落。白色的方盘衬上鲜红的辣椒雕花及生菜等，令人食指大动！

餐具哪里买｜特别订制

摆盘方法

1　将洗净的生菜取两片放置于方盘的一角。将黄瓜条以纵向及横向方式交叠于生菜旁，并将辣椒雕花放置于黄瓜条上。

2　将打抛猪肉盛入方盘另一对角，并以渐渐堆高的方式盛入盘中。最后将油炸过的九层塔置于顶端点缀，拉出摆盘的视觉立体高度。

摆盘秘诀…

料理时可将九层塔炸至酥脆备用，不仅可增添香气及口感，九层塔亦可于摆盘时作为装饰。

松茸扒芥菜　^{Plating}^{Idea} 1

长条食材搭配长盘，加强视觉线条感

餐具哪里买｜NIKKO

这个摆盘设计呼应长方形的盘面，芥菜取其梗及叶摆置，松茸也采取纵切叠放方式，再搭配胡萝卜片及亮黄的银杏作为点缀。

摆盘方法

1　先于长方形盘内嵌处放置芥菜三根，需保持梗叶完整，以突显其修长。于芥菜旁放置三片相叠的松茸切片，与芥菜并排。

2　于芥菜一端放置 1 个花菇，再于松茸上放置胡萝卜切片数片，并以银杏数粒点缀于松茸与芥菜之间，让整体视觉更为亮眼。

3　最后再将以老母鸡、火腿、排骨、鸡脚、蚝油等熬煮而成的酱汁，浇淋其上，让食材增添油亮色泽。

材料｜松茸、芥菜、花菇、鸡汤、姜、葱等

做法｜干花菇先泡水去蒂，以鸡汤及姜、葱等佐料先蒸熟。松茸切片、芥菜切段后，直接下锅快炒，最后放入花菇略为拌炒即可起锅。

松茸扒芥菜 Plating Idea 2

弯月形食器与大面积叶面，营造轻松插画感

弯月形餐盘造型上十分讨喜，摆盘套用留白设计，再以摊开的芥菜做大面积构图，叶面末端点缀银杏，宛如一幅盘中插画，整体上予人轻快活泼感。

摆盘方法

1 先取六片芥菜局部，以一片一片叠放方式，呈放射状向外排列。

2 再取五粒对半剖切的银杏，间插放置于放射状的芥菜中。将花菇及松茸皆切为细条状，堆放于芥菜下方。最后淋洒上高汤熬煮的酱汁，让盘面整体色泽更为油亮。

餐具哪里买｜
皇家哥本哈根手绘名瓷

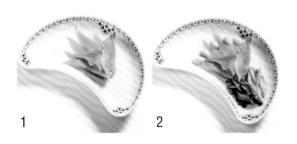

为了让餐点更有变化，主厨灵机一动，把一般馅料包在千层酥皮里的做法，改成拿破仑糕点层层堆叠的概念，以拌炒过后的新鲜松露菇作为夹层，让分解开来的美丽层次外露，并选择一面大的平盘来突显此道料理的立体高度。如此艺术却简易的摆盘概念，很适合入门者在家动手做！

酥皮松露拿破仑 Plating Idea 1

酥皮夹心堆叠，馅料美丽层次尽现

1
2
3

摆盘方法

1 先取一块千层酥皮放在圆盘下方约三分之一处，并用汤匙挖取拌炒过的松露菇馅料，均匀地覆盖于酥皮表面。

2 再取第二块千层酥皮覆盖在松露菇馅料上，并以同样方式做出第二层。

3 把拌过红葱头油醋酱的生菜沙拉，于盘面留白处的中央堆出高度，搭配食用的同时也借蔬菜色彩丰富摆盘画面。将第三块千层酥皮小心覆盖后摆盘便完成。

餐具哪里买 | JIA Inc.

RECIPE

材料 | 千层酥皮、松露蘑菇酱、黑香菇、杏鲍菇等

做法 | 先将黑香菇放入铸铁锅炒出香气，再放入含有丰富水分的杏鲍菇以及松露蘑菇酱拌炒，为使配料呈现出不易散落的稠状，起锅前可加入适量白酱均匀搅拌方便摆盘时塑形。将现成的酥皮放入烤箱烤出酥脆的金黄色，即可与新鲜的炒菇摆盘上桌。

酥皮松露拿破仑　Plating Idea 2

绑结包裹优雅风情，拿取方便不沾手

餐具哪里买 ｜
皇家哥本哈根手绘名瓷

运用烤盘纸包覆酥皮松露拿破仑，再以棉绳绑住固定的巧思，目的除了定型以避免散落，也方便女士优雅不沾手地食用。盘面本身绘有高雅唐草的优雅图纹，为避免让食材挡住盘面设计，刻意不做过多装饰，仅将生菜于盘边排出一弯月牙，营造出一份浓浓的欧式精致摆盘。

摆盘方法

1　先将制作好的酥皮松露拿破仑以侧躺方式放入盘中。

2　再用烤盘纸包覆酥皮松露拿破仑中段，并取棉绳绑活结固定。把圆盘当作时钟，让固定好的酥皮松露拿破仑朝八点钟方向斜放。

3　最后将两种颜色的生菜于盘子的右半边排出月牙状，适时展现了盘底的美丽设计，同时达到漂亮盛盘的目的。

由于意大利面本身较容易散开的特性，通常会选用有深度的圆盘，但本道摆盘选择的是长方形的盘子，主要就是要表达一种丰盛的大盘面视觉，将意大利面摆于中间，所有的海鲜配料围绕着面条摆放，并以最后摆上的虾来营造层次高度与视觉焦点。

虎斑明虾意大利面 Plating Idea 1
同色系摆盘法，营造丰盛盘面视觉

1

2

3

4

摆盘方法

1 于长盘正中央摆上番茄意大利面，在摆放时尽量集中、堆叠，让面条具有一定的高度，这样不会给人太过松散、凌乱的感觉。

2 由左下开始，沿边摆放蛤蜊、淡菜、中卷，绕成一圈，面条的下半部稍微留些空隙，摆上配菜中分量最大的虎斑明虾，并让虾头向上，位于面条堆叠顶端，作为视觉焦点。

3 放上对半切开的小番茄，放于左上以及右下两个位置，提示出本道料理的番茄口味，并于虾头旁摆上炸过的九层塔叶片。

4 直接于意大利面上淋上虾酱以及橄榄油。

餐具哪里买｜IKEA

摆盘秘诀…

如果想在料理上摆上叶片点缀，又不想叶片软软的没有造型，可以先入锅以热油炸过，炸成酥酥脆脆的样子，即可插在各种料理上。除了保留绿色的元素以外，炸过之后的叶片也较容易让食用者接受。

RECIPE

材料｜意大利面、蛤蜊、虾、干贝、中卷、淡菜、虾酱、番茄等

做法｜将意大利面及蛤蜊、虾、干贝、中卷、淡菜等数种配料，加入虾酱与番茄一起干炒，直到食材炒熟之后捞起，虾酱另外摆放备用。

虎斑明虾意大利面 Plating Idea 2

豪迈气派的大碗装盘

1   2   3

餐具哪里买 | IKEA

此摆盘同样企图营造丰盛的视觉美感，但改用大型的黑汤碗，面体本身的橙色与食器的黑色呈现抢眼的对比效果，食器本身的稍大造型也能给人豪迈气派又大方的感觉。淋上浓郁的酱汁，增添食用时的风味。

摆盘方法

1   于大黑碗中放上番茄意大利面，尽量将面条堆叠得高一点，让整体看起来更有丰盛的感觉，也留下旁边的位置摆放海鲜。

2   于番茄意大利面的外围由左至右，摆上蛤蜊、淡菜、中卷，并于面条中央放上干贝，下方放上虎斑明虾。

3   淋上浓郁的虾酱以及少许的橄榄油。于干贝左侧插上新鲜芦笋，右侧放上新鲜九层塔，以些微的绿意，增添清爽的感觉。最后在虾上放入腌渍番茄即告完成。

摆盘秘诀…

意大利面类的料理，因本身具有酱汁的关系，主菜以及面条通常会是同一色系，在选择盘子时可选择与酱汁颜色对比较强的颜色，市面常见的白盘与黑盘都相当耐看。

墨鱼饭佐明虾　Plating Idea **1**
突显食材主角，创造对角线美感

1　2　3

此摆盘选择使用墨绿色的正方形盘身，摆放的位置使用对角线的方式，并让明虾所占的位置大过于墨鱼饭，突显出明虾食材的珍贵，也让明虾成为整道料理的主菜。整道摆盘诉求的感觉是整齐、清爽。

摆盘方法

1　将墨鱼饭以两个汤匙塑形成椭圆球状，摆放于盘面的右上、左下两角。

2　于另外两角摆上虎斑明虾，虾尾朝内，两端高高举起，两只虾的尾巴稍微交会，形成整道摆盘的视觉焦点。并将切下来的虾头叠在一边的虾身上，虾头作为装饰，也有虾膏可食用。

3　于墨鱼饭上各摆上一朵食用花，可选择不同花色，增加盘面色彩，并于没有摆上虾头的那一角，摆上一片南非冰花，让四个角落都有配件，呈现对角线美感。于虾与墨鱼饭中间的空隙处，各摆放上少许的松子作为点缀，并于整道料理上淋上些许橄榄油。

餐具哪里买｜mad L

RECIPE　材料｜墨鱼酱、白饭等
做法｜将白饭与墨鱼酱混合，一起放入锅中翻炒，直到收汁即可。

摆盘秘诀…

不管是不是虎斑明虾这一类的大型虾，虾加工完毕之后，可将虾头先切除，但不要丢弃，可作为盘面装饰的一部分。

墨鱼饭佐明虾 Plating Idea 2

集中摆盘，拔高立体堆叠

餐具哪里买│特别订制

像是炖饭这一类的饭类料理，通常很难拿来做摆盘，但只要使用简单的模具，就能创造出立体造型。在此使用了圆形模具，除了让墨鱼饭有漂亮的圆形外，也能作为明虾摆放的底座。整体摆盘高雅而美丽，在透明亮洁的食器当中，主食以拔高耸立的姿态引导食用者的焦点，令人印象深刻！

摆盘秘诀…

坊间有许多模具可以用于摆盘时的塑形，如果以米饭类的食材来说，通常选用较为简单的模具，像圆形、心形等等，如果选用太过复杂的模具，很可能拿起模具之后，米饭仍然呈现松散的样子。

摆盘方法

1. 将墨鱼饭填充于圆盘正中央的圆形模具中，填充高度约莫为三厘米即可，不需要太高，作为稍后摆放虾的底座。

2. 将虾切成虾头、虾身、虾尾三段，虾头朝上，直接立在墨鱼饭的上半部。

3. 虾身摆放于下半部的左右两侧，虾尾则摆放在虾身上，营造出高低层次的交错美感。

4. 于墨鱼饭的右侧摆上一片南非冰花；虾的正上方摆放辣椒丝。以绿、红两色增添盘面的色彩丰富度以及口感。

5. 在盘边上用松子进行点缀。

如楼梯般层层向外延伸的盘缘，会让可盛装的主菜分量有限。因此可以加上不同的餐具搭配，不仅增加容量，也可延伸视觉的动线，带来焕然一新的新鲜感。主厨利用黑色的迷你汤瓮，在盘面上斜放成倾倒状，看起来就像是美味佳肴从汤瓮里泉涌而出一般。再铺上两片如燕尾的翠绿竹叶，更添流动感。最后搭配巴西里、柳丁、樱桃与小番茄，鲜艳的色彩搭配，令人胃口大开。

橙汁排骨 Plating Idea **1**

不同餐具搭配，巧妙设置故事情境

摆盘方法

1 在盘面角落放上装饰用的小番茄、巴西里、食用花瓣，最后放置黑色汤瓮，使瓮口朝向盘内，制造出倾倒的效果。

2 将两片竹叶交叠放置。注意竹叶尾侧朝外，使其尾端如飞燕般向外。在两片竹叶之间的空白处，放置切片柳丁及红色小樱桃，使色彩更加缤纷。

3 将橙汁排骨与苹果切块盛装于竹叶上。

4 撒上白芝麻，把几块橙汁排骨及苹果放入瓮中，制造出盘面与汤瓮之间的流动感。

餐具哪里买｜一般餐具行

材料｜腩排、橙汁酱、酱油、盐、糖等

做法｜先将腩排切块，并以酱油、盐、糖等各式调味佐料腌制备用。再以130℃的高温油炸，将腩排炸熟后，再加入橙汁酱一起拌炒，让橙汁酱均匀包覆腩排，即可起锅。

橙汁排骨 Plating Idea 2

高度层次装饰，勾勒立体风景

餐具哪里买｜一般餐具行

如果圆盘的盘面留白很多、使用空间有限，可以强调料理的高度层次。以弧形的造型饼干画出一道立体的弧线，并运用蔬果酱汁在盘缘做勾勒绘画，搭衬主菜橙汁排骨的透亮香嫩，与苹果的香脆红艳，在盘中形成一幅诱人的风景画。

摆盘方法

1 以巴西里与小红莓、巧克力酱汁，在盘缘彩绘出连续卷曲的图案，制造视觉的动态效果。在盘面中央放置一圆弧状造型饼干，使其立起来。

2 将橙汁排骨与苹果块装入盘中，压于饼干根部上方，使其保持竖立。最后将山萝卜叶插立于盘缘，于造型饼干的尾端下。最后在橙汁排骨上撒上白芝麻即可。

摆盘秘诀…

造型饼干可在坊间一般甜点蛋糕店或面包行购得，亦可购买模具自己做。

炸
Deep frying

这道料理考量到口感的层次变化，主厨以炸过的美白菇与瓜仔肉进行搭配。视觉焦点的美白菇，以显眼而醒目的姿态耸立于汤盘中央，下方衬垫着鲜绿的黄瓜瓜仔肉与五行酱汁。这样的食材搭配与组合，让整件摆盘设计带出了一股类似流水山石的静态庭园禅意，呈现出中国庭园造景般的雅致风情。

五行美白菇 Plating Idea 1
庭园造景般的食材堆砌布局

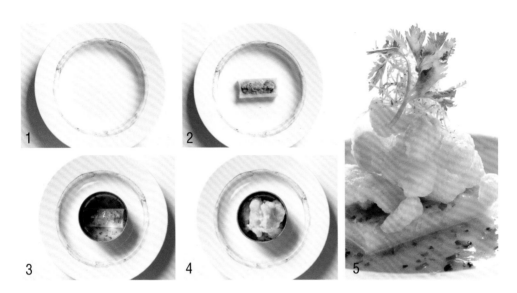

摆盘方法

1 使用红曲酱，在盘面上以小刷子扫画出一圈红色圆环。

2 把镶入瓜仔肉的大黄瓜放在盘中央。

3 接着把圆形模具套在大黄瓜上，淋上三彩椒与木耳的五行酱汁，酱汁微微盖过黄瓜即可。

4 接着将炸过的美白菇层层堆叠其上，叠放时采取金字塔造型，以求稳固。

5 最后在美白菇上放上芋头丝与香菜做点缀，把模具拿起，即大功告成！

餐具哪里买 ｜ IKEA

RECIPE

材料 ｜ 青甜椒、黄甜椒、红甜椒、黑木耳、美白菇、大黄瓜、瓜仔肉、面粉、太白粉等

做法 ｜ 先将大黄瓜去皮去瓤，切成长条状，烫熟备用；接着用挖球器挖掉一些大黄瓜肉并填入瓜仔肉。将美白菇裹面衣酥炸至金黄色，将三色甜椒和黑木耳切碎末，以太白粉水勾芡成五行酱汁。

五行美白菇 　Plating Idea 2

利用高低层次有无实虚营造空间对比

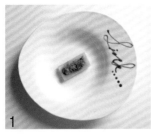

此设计选用造型特殊的蛋状汤盘，师傅更刻意使用实虚的空间对比，美白菇微斜摆放在汤盘中央，并划分出两种截然不同的空间效果。从上方俯瞰，黄白红相间的摆盘作品，具有显眼而醒目的视觉张力，也带有高低起落的立体层次。

餐具哪里买 ｜ 特别订制

摆盘方法

1　在盘缘较宽处，以黑醋酱汁挤出文字造型，并在汤盘中央摆放嵌入瓜仔肉的大黄瓜。

2　在黄瓜上堆加炸过的美白菇，美白菇在堆放时，采取金字塔造型，将汤盘的装盛空间，分割成左右两边。

3　在汤盘的右侧，以汤匙倒入五行酱汁，左侧则呈现留白。

4　在美白菇上摆放芋头丝和食用花，带入不同的色彩效果，并与左侧的留白相互对应。

摆盘秘诀…

黑醋酱汁做法是把巴萨米克黑醋稍煮成浓稠状，或也可用一般黑醋加糖煮稠。

炸豆腐 Plating Idea 1

留白中画龙点睛的小装点

搭配传统的中式料理炸豆腐，白色的圆盘上将炸豆腐刻意错落堆叠起来，大量留白之下，给人小巧精致的感觉。最后选用花卉装点一角，让此道料理充满东方意境。

餐具哪里买 ｜ JIA Inc.

摆盘方法

1　以绿茶酱于盘面的右上侧挤上一滴酱汁，接着以汤匙的背面划开，呈现随兴的线条。

2　将连叶的樱桃萝卜摆放于绿茶线条的尾端，并放上两片樱桃萝卜的切片。再将绿卷须稍微卷成球状，摆放于整株樱桃萝卜的空隙处，增添层次感。并于绿卷须上摆上黄色的食用花卉一朵，制造画龙点睛的感觉。

3　最后于盘子的左上侧摆上堆叠起来的炸豆腐，下方留下大面积的空白。

摆盘秘诀…

类似炸豆腐这种整齐的料理，于第一层摆放时可工整摆放，第二层则可随兴摆放，创造出整齐又随兴的感觉，让整道摆盘不至于太过呆板，或者给人凌乱之感。

材料 ｜ 豆腐等

做法 ｜ 将豆腐切成正方块，边长约莫三厘米左右，放入高温油锅中，炸熟之后即可捞起，以吸油纸吸去表面油汁。

炸豆腐 Plating Idea 2
酱汁线条引导视觉动线

此类长盘的流线造型，可以有效营造出利落明快的摆盘印象。中式摆盘中常将酱汁另外装盘，但此次则先以酱汁画盘，引导出视觉的动线，少了酱料碟，也能够让整道料理更加简洁。

摆盘方法

1 于盘面的左侧堆上两小堆炸豆腐，仍是采取下层工整、上层随意的摆法。再以照烧酱于盘面上由中央至一角轻轻刷上一笔利落的线条。

2 将小番茄对切成半圆，摆放于照烧酱的两侧，中间摆上南瓜丁。最后在小番茄上插上薄荷叶，除了增添色彩以外，也增加层次感。

餐具哪里买｜全球餐具

摆盘秘诀…

长盘适合摆放体积较小，并且可以堆叠的料理，因为长盘的盘面空间有限，因此需注意留白的幅度，约莫一半左右最恰当。

像是炸物这类的食物，通常会需要在底下摆上吸取油汁的吸油纸，因此就十分适合采用圆碗类的餐具。摆放炸物时，尽量将炸物堆叠高一点，创造出层次的感觉，最后在上面撒上点缀的小配菜与调味料，虽然对味道上不会有太大影响，视觉上却是大大加分！

炸薯条配起司酱 Plating Idea **1**

适合炸物的圆碗配衬纸

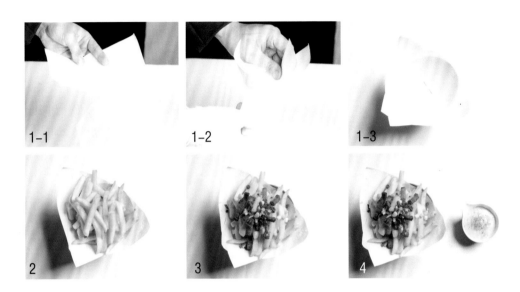

1-1　　1-2　　1-3

2　　3　　4

摆盘方法

1　将吸油纸自中间裁开一半后，卷成漏斗的形状，并在最尾端尖角处往内折一厘米左右，让其不会散开，再摆放至圆碗中，稍微调整一下即可。

2　将薯条摆放至吸油纸上，尽量堆叠得高一点。小秘诀是堆叠的时候将长一点的薯条放在比较上面的位置，会整体看起来较为丰盛。

3　于薯条塔的顶端撒上培根、葱花，能让这些与薯条不同颜色的搭配食材创造出视觉焦点。

4　另选一带嘴的小碟子倒入起司酱汁，摆放于炸薯条旁，并于起司酱汁的表面撒上红椒粉，增添视觉美感。

餐具哪里买 |
Prime Collection、
nest 巢·家居

摆盘秘诀…

另外选用一小碟子来装酱汁，能让大家有一起共食的乐趣，可自由选择是否蘸取酱汁。有小开口的酱料碟，还能多一种选择——直接淋在薯条上！

RECIPE　**材料** | 薯条、培根、起司酱、鲜奶等

做法 | 将薯条于高温油锅中炸熟捞起；培根切片后煎熟；起司酱则加入鲜奶，混合成泥状。

炸薯条配起司酱 　Plating Idea 2

特殊造型食器，
简单营造视觉美感

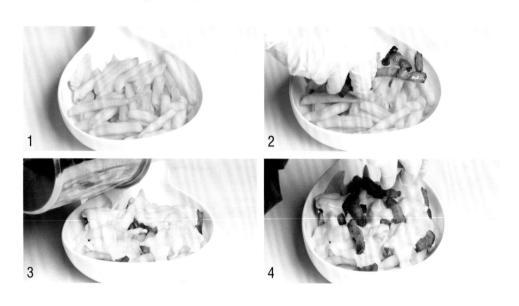

1

2

3

4

餐具哪里买｜ JIA Inc.

摆盘秘诀…

若想让酱汁均匀地倒入料理中，倒的动作要慢，酱汁的量要平均，可选一个角落开始并来回地倒入，即可让酱汁均匀地覆盖在料理上。

因为炸薯条在摆盘时容易显得杂乱单调，主厨巧妙地使用造型特殊的葫芦汤碗，除了可以整齐地放入薯条，同时也利用食器的特色，营造视觉的设计感。酱汁则直接淋在炸薯条上，可以让每一根薯条都裹上浓浓的起司，同时也适合放入烤箱做第二次的焗烤。

摆盘方法

1　于盘面上平整地铺上炸薯条。

2　于薯条的间隙中放入培根条，高度不可高于盘子的外缘，以避免随后要淋上的酱汁溢出。

3　均匀地淋上起司酱汁。

4　再次放上培根条，让整体视觉不至于被起司酱汁全面覆盖，最后于中央处撒上葱花。最后均匀地撒上红椒粉，增添色彩，制造让人食指大动的视觉美感。

餐具哪里买｜昆庭

大漠风沙无锡排　

狂放线条展现独特料理风格

呼应此道新疆料理，使用了大气狂放的线条来引导视觉，层序堆叠的无锡排骨上豪气地撒上混合调味粉，显现出奔放的大漠风情！

摆盘方式

1　以巧克力酱于盘面挤上连续的Z形线条，画线时不必太过拘泥于造型，随意挥洒即可，以呼应大漠风味的美感。

2　于线条上摆上胡椒粒，让胡椒粒黏着于巧克力酱上，以丰富线条的色彩。再撒上玫瑰花瓣与薄荷叶片。

3　于盘子一端摆上炸好的无锡排骨，以堆叠的方式摆放，塑造出大山的形象。

4　于堆叠的排骨上撒上蒜头酥、孜然粉、咖喱粉、起司粉等，不但增加口感，也增添大漠尘土飞扬的视觉意象。最后于排骨的顶端摆上意大利香芹叶，如山石上的树丛。

摆盘秘诀…

因本道料理是为了呼应新疆大漠的感觉，因此在堆叠无锡排骨时不需太过小心翼翼，只要掌握下层排骨较为大块、上层排骨较为小块，下层数量较多、上层数量较少的原则即可。

RECIPE

材料｜排骨、蒜头酥、孜然粉、咖喱粉、起司粉等

做法｜将带骨的排骨放入高温油锅，炸至酥脆之后，撒上蒜头酥、孜然粉、咖喱粉、起司粉等。

3

大漠风沙无锡排 Plating Idea 2

圆盘之中的线条律动展现

白色的大圆盘单独摆放食材会显得单调，因此在盘中置放主菜之后，可于圆盘上画出各种线条，展现圆盘上的律动感。

摆盘方法

1 以刷子在圆盘的外侧盘面刷上头尾交错的线条，直到线条围绕整个盘缘。线条不需太过拘泥，以随意、自然为主，由重至轻地刷上盘面。

2 在线条里侧，把哈密瓜与西瓜制成的水果球堆叠起来，皆为三颗哈密瓜小球顶着一颗红色西瓜球。再将绿卷须与玫瑰花瓣摆在线条上，摆放位置与水果球交错。

3 于正中间摆上无锡排骨，使用堆叠的方式，带出山的意境，成为圆盘中心顶点，撒上混合调味料，并于最上方摆上意大利香芹叶。

餐具哪里买｜昆庭

1

2

炸牛肉 Plating Idea 1

肉品纹路搭配食器粗犷风格

餐具哪里买 │ mad L

方形的灰釉角盘盘缘与盘面刻意营造不规则的龟裂，诉说原始自然的粗犷况味。在上头摆放着表面酥脆内面略带粉红的牛肉，并刻意配合盘式切成有粗犷感的厚片，在方形与长方形的对应中，又显现出肉片与叶菜前低后高的安排，产生了不同的层次趣味。

摆盘方法

1 将油炸过后的酥脆的杏菜与西洋芹放置于角落，可利用手或筷子让其呈现出高度与蓬松感。

2 再将切成厚片的牛肉内面朝外依序堆叠，不仅让盘面色彩更具亮点，肉质的肌理与纹路也与盘子的龟裂纹理呼应。

RECIPE

材料 │ 神户沙朗牛肉、面粉、蛋液、面包粉、西洋菜、杏菜等

做法 │ 选用油花均匀且肉质软嫩的顶级神户沙朗，轻裹面粉并蘸上蛋液后再裹覆一层面包粉，放入高温油锅炸三至五分钟后起锅，形成外层酥香脆，内里却呈现半生熟的软嫩口感。杏菜与西洋芹也可一同入油锅炸过作为摆盘装饰使用。

炸牛肉 Plating Idea 2

方正切块与圆形食器呈现对比趣味

对常见的日式炸猪排做改良,选择可依口感自由调整熟度的牛肉,同样以炸烤的方式表现,更可借其透红的肉色,堆叠出更多色彩层次。在此道摆盘中,由于选择的圆盘较小,故将食材比例缩小切成丁块状,以平衡视觉感受。

餐具哪里买 | mad L

摆盘方法

1 取适量的杏菜与西洋芹菜放在偏左上方的区块,使其蓬松避免呈现崩塌感。

2 夹取四块牛肉丁交错堆叠,经油炸过后的黄色粗糙表面与切开的红色肉质交互呈现。

摆盘秘诀…

由于食用者的视觉会由右至左上后方延伸,因此摆盘时可将配料堆叠于左后方处。并让前方食材倚靠时有个高低落差的层次。

2

月亮虾饼　Plating Idea 1
星状食材搭配盘饰强调出民族风情

金色勾边的大圆盘上，排列出放射状的三角虾饼，仿佛太阳光芒，与圆盘及衬底的绿色芭蕉叶相映成趣。

餐具哪里买 │ 特别订制

摆盘方法

1　先将芭蕉叶剪为圆形放置于盘中。以碧绿色小碗装盛梅子酱，置于芭蕉叶上。

2　先将四片虾饼平均置于盘内四点。再将另四片虾饼叠放于先前四片虾饼之间，即可完成如太阳般光芒四射的热情形状。

1

2

摆盘秘诀…

摆盘时衬于虾饼下方的芭蕉叶，除了视觉美观，亦可增添香气，最主要的作用在吸油。芭蕉叶不易购得，一般民众若无芭蕉叶，可铺衬一层白纸替代，亦达吸油效果。

RECIPE

材料│虾仁、春卷皮、太白粉、猪油、胡椒粉、盐、砂糖、白糖、梅子等

做法│先将虾仁洗净剁碎，以刀拍打，然后加上太白粉及少许猪油、胡椒粉以及盐。太白粉可增加虾仁的黏度，猪油则可增加虾仁的弹性。充分甩打搅拌后，再夹入两片图形春卷皮中一同下锅油炸。炸至金黄色即可起锅。梅子加上砂糖及白糖，制作成酸甜的梅子酱，可以拉提出虾饼的香甜口感。

月亮虾饼 Plating Idea 2

半个月亮烘托黑亮圆盘，流露东方神秘情调

黑色餐具由于色泽暗沉，在摆盘中向来不易搭配，但若是运用得当，却也能因此营造出少见的特别趣味。月亮虾饼本身即是金黄色泽，选用了黑色为底色的圆盘，不仅能突显亮丽色彩，也使得整体视觉上充满东方的神秘情调。为了拉出对比感，特地选用雪白的小碟装盛酱汁，并以薄荷叶及辣椒雕花装饰盘缘，使得月亮虾饼这道美味料理，在视觉上也显得格外抢眼。

餐具哪里买 | IKEA

摆盘方法

1 将圆形芭蕉叶置于黑圆盘稍偏边缘处，保留放置虾饼空间。将盛装酱汁的白色小碟放置于芭蕉叶上。

2 将虾饼沿酱碟边缘的 2/3 摆放排列。

3 在剩下的地方放上辣椒雕花与薄荷叶作为点缀即可。

3

1

2

酸辣炸牡蛎 Plating Idea 1

金边镶蓝圆盘搭配花瓣状摆盘，突显奢华贵气

1 2 3 4

金色与蓝色的搭配具有强烈对比感，搭配炸至金黄色的牡蛎及绿色的生菜更加抢眼，而圆盘的金边勾花盘饰设计，搭配花瓣般放射状的牡蛎摆盘，更令摆盘与色彩充满一股皇室尊贵的气息。

摆盘方法

1 先将胡萝卜丝于盘中铺放打底。

2 再将洗净的牡蛎壳，于盘内依序排列成六片花瓣状。

3 于牡蛎壳上铺放生菜，在六片牡蛎壳的中央放置折叠成花苞状的生菜，最后放上胡萝卜雕花。

4 再将炸牡蛎放置于生菜上。最后将酱料淋于炸牡蛎上，再将香菜点缀于酱料上作为装饰即可。

餐具哪里买 | 特别订制

RECIPE

材料 | 牡蛎、太白粉、红葱头、香茅、柠檬叶、葱花、辣椒膏等

做法 | 先将牡蛎以适量太白粉包覆后下锅油炸，炸至些许金黄色即可捞起。再将红葱头、香茅、柠檬叶、葱花等与辣椒膏一同搅拌成特制的酱料，淋洒在炸牡蛎上即可。

摆盘秘诀…

在摆放牡蛎等贝类时，可先在盘中铺放一层胡萝卜丝，一方面可以避免盘面刮伤，此外也使贝壳不易滑动，以免破坏摆盘设计。

酸辣炸牡蛎 Plating Idea 2

扇形占据白方盘，薄荷叶点缀添芬芳

圆角形的白方盘，在摆盘的设计上特意强调不对称的放置，将酸辣炸牡蛎以扇形呈现，刻意留下另一半的空间用于装饰。匠心独具的设计令小小的方盘也有动人风景。而摆盘的薄荷叶及胡萝卜雕花，也成为方盘中的亮点。

摆盘方法

1　先将胡萝卜丝铺放于盘中两对角之间的三角区域上作为打底，留下一半的空间。

2　将洗净的牡蛎壳，以扇形排列于铺好的胡萝卜丝上。

3　扇形中心空间则放置折叠成花苞状的生菜，并放上胡萝卜雕花。顶端放置可增添香气的薄荷叶。

4　在花瓣状的牡蛎壳上铺放生菜。

5　将炸牡蛎放置于生菜上，最后将酱料淋于炸牡蛎上，再以香菜点缀即可。

餐具哪里买｜IKEA

材料｜大排、孜然、蔬果汁、椒盐等

做法｜大排需先以孜然等辛香料及蔬果汁等调配的酱汁浸泡，再下锅油炸以锁住肉汁。起锅后再撒上孜然等辛香料及椒盐等佐料提味。若搭配马铃薯可将马铃薯切丁油炸；若选择芋头、地瓜、洋葱作为搭配，则可全数切片油炸，再做摆盘即可。

大口霸王骨 Plating Idea 1

狭长造型深盘，呈现集中满盛感

这款大型半弧状深盘看似一艘海盗船，由于空间有限，大排须切成条状进行摆盘设计。为表现满盛的视觉效果，搭配炸芋头片、地瓜片和洋葱圈，带入美式的聚会料理风情！

摆盘方法

1 将炸好的大排切为条状，交错放入炸物盘内。
2 把炸好的芋头片、地瓜片放于大排一侧，再叠上炸好的洋葱圈。
3 最后在大排上撒上孜然粉即可。

大口霸王骨 Plating Idea 2

创意配菜造型，马铃薯丁画龙点睛

大排本身占有相当大的体积，适时加入配菜的变化，搭配装盛空间较大的餐具，可以保留大排原始的样貌，上桌后让主人再与宾客一同切割享用。

摆盘方法

1 将炸好的大排整块直接放入盘中。
2 把炸好的马铃薯方丁放置于盘子一角。
3 最后大面积铺撒孜然粉，孜然具有浓烈香气，提味，还可体现出草原般的质感效果。

餐具哪里买｜nest 巢·家居

餐具哪里买｜IKEA

摆盘秘诀…

若想制作成特殊的马铃薯方丁，可将马铃薯先切成大型方块。再从四边不同角度各由中央切下半刀，最后再轻轻剥开，即会出现有趣的方丁。

芋泥香酥鸭 Plating Idea 1

方形结构切割，食材食器相呼应

餐具哪里买｜一般餐具行

在方正的长盘上，香酥芋泥鸭以一片一片叠放的方式叠出高度与长度，红色的小番茄和翠绿的小豆苗更构成视觉重点，与炸得金橙鲜黄的芋泥鸭相互烘托，令人垂涎三尺。

摆盘方法

1 先将小番茄放于盘内角落，再将小豆苗放于盘缘两侧。注意在小番茄同侧的小豆苗数量可少些，以突显红色小番茄及不对称感。

2 将香酥芋泥鸭一片一片依序叠放、排列于盘中央。

3 于盘内撒上七味粉，再将手做的竹炭蕾丝网片轻放于小番茄上，作为装饰。

4 最后在香酥芋泥鸭上，放置一枝虾夷葱。

RECIPE

材料｜大甲芋头、鸭胸、猪油、油葱酥、萝卜干、椒盐、豆腐皮等

做法｜将鸭胸先卤后炸，切片备用。再选用大甲芋头切块放入蒸笼，蒸熟搅碎后加入猪油、油葱酥、萝卜干及椒盐一同搅拌。搅拌均匀后压入正方形模具中，再将备用鸭片铺上，最后用豆腐皮包起来后下油锅，以180℃的高温油炸6分钟即可。

芋泥香酥鸭 Plating Idea 2

堆高增加容量，酱汁描绘增添色彩

盘缘大的浅盘深度不够、容量不多，该如何装盛大分量的菜品呢？这道摆盘将主菜在盘内用堆高的方式，堆成一小金字塔，解决了深度过浅的问题。并且在盘缘上，以各式酱汁绘上小小花朵，解决盘缘留白单调的疑虑，同时瞬间变浪漫！

餐具哪里买｜IKEA

摆盘方法

1 运用小红莓、蓝莓、橙汁、巧克力等不同酱汁，在盘缘上绘出花朵及叶片、枝梗图案作为盘面装饰。再将炸好的馄饨丝铺满盘底，不仅增添口感，金黄色的色泽更是大大加分。

2 将香酥芋泥鸭一块块叠放，可采取两片、两片、一片的堆高方式，使其呈金字塔状。在最顶端的芋泥鸭上放上切碎的虾夷葱末，作为点缀。

摆盘秘诀…

馄饨丝的做法，是将馄饨皮切成细丝后下锅油炸即可。特别注意切丝完成后可撒些面粉，避免其相互粘连，炸后才能细丝分明。

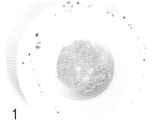

1

2

餐具哪里买 | 天然石材与木头

酥炸北海岸地震鱼 "科尔多瓦"风味
食材与食器的概念联结

为了呼应"地震鱼"主题，主厨 Daniel 特地寻找取自海底的天然石材作为食器，并托放在一块深棕色原木上。石材的颜色接近鱼肉本身的色调，直接将食材铺放其上，衬托深海里地震鱼的原汁原味。

摆盘方法

1 选择一块大小适中的岩石，水平放置在长方形木板上。

2 将经油炸过后的地震鱼片，与岩石纹理成反向斜角放置于其上。

3 最后再将切片的两片莱姆一立一躺放在地震鱼的左右两侧，可于食用时提味，让整个摆盘简单却不单调，不仅满足了味觉也满足了视觉。

RECIPE

材料 | 地震鱼、西班牙烟熏红椒粉、莱姆、盐、迷迭香、百里香、蒜、白酒、特级初榨橄榄油、白酒醋、面粉、鸡蛋、面包粉等

做法 | 取适量白酒醋、白酒以及特级初榨橄榄油倒进调理碗内，并加入迷迭香、百里香、盐与蒜等食材后，将地震鱼静置其中腌制约 10 分钟，待入味后再将鱼表面裹上面粉、蛋液与面包粉，入油锅酥炸至金黄色即可捞起。

烤
Roasting

师傅把"包裹"的概念加入了这道摆盘的设计，在古典高雅的大型长盘上，简单纯粹地摆上绑绳包捆的烤香鱼，显眼的红色印记散发出浓厚的书卷气息。特别的是，主食的香鱼，其实内里也包裹了酸菜作为内馅，不论在视觉或味觉上，本件料理都能引发食用者一连串的神秘惊喜。

烤香鱼 Plating Idea 1
纸卷加印记，增添书卷气

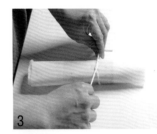

摆盘方法

1 把烤香鱼放在两端内折的烤盘纸中央，香鱼前后与纸缘之间各预留约 1 厘米的距离。并准备一条棉绳。

2 将烤盘纸对折包裹住香鱼，小心包折成长条状，除了注意形状漂亮之外，也要固定包紧香鱼。

3 接着使用棉绳进行绑结。

4 在长盘上摆放两片粽叶，一正一反交叠，带出不同的质感。然后摆上香鱼纸卷，并在绑结棉绳下压印蘸食用色素的印记，最后摆放一朵小菊花点缀出色彩。

餐具哪里买｜八方新气

材料｜香鱼、酸菜、壶底油等

做法｜将香鱼去鳞，由背部划一刀将大部分的鱼刺取出后洗净备用。将炒好的酸菜料装填至香鱼内，取平底锅将填好酸菜的香鱼两面煎黄，再放入蒸笼蒸熟。最后再放入烤箱中烤过，将成品摆入盘中，再淋上壶底油提味即大功告成。

摆盘秘诀…

绑结的棉绳要落在鱼腮的位置，因为鱼腮有一定的硬度且是鱼身最宽的地方，绑在那里棉绳才不会滑落。

烤香鱼 Plating Idea 2
简约大器的空间留白

餐具哪里买｜八方新气

本道摆盘使用造型特殊且大型的花瓣状圆盘，由于主菜与盘面的大小悬殊，如何在盘面均衡地布局，是本件摆盘设计的最大挑战。为了填补盘面的空间，并制造出高度，将香鱼切成三段，露出断面的鱼身可见腹内填充的酸菜馅，引发食欲，向上伸展的尾部与横向摆放的头部，则延伸出空间。此外，为延续视觉上的动线，邱师傅也加入了少许的配菜与画盘搭配，但避免元素太多，造成盘面的纷乱，恪守干净、简约的风格。

摆盘方法

1 在大型的花瓣状圆盘中滴上巴萨米黑醋，并画出蝌蚪般的小尾巴。

2 把烤过的香鱼切成三段，配合盘子的造型，把切断的香鱼摆放得稍微带有弧状。

3 接着在头部前方，延续鱼身的弧度，摆放红卷与绿卷生菜，摆放时可将生菜稍稍轻压塑形。

4 最后交错摆放上橘子瓣和番茄片，利用配菜将色彩带入摆盘，也平衡盘面的轻重比例。

大型的平盘上有十分充裕的空间可以自由发挥运用，此道料理使用鸭肉与凤梨、小番茄等食材，在摆盘上便利用常被直接丢弃的凤梨头，斜切成一个小基座，成为烤鸭串烧的展示台，非常有创意也十分漂亮，还能让这道菜的热带风情立刻突显出来，效果绝佳。

樱桃烤鸭串 Plating Idea 1
善用剩余食材加入摆盘设置

1 2

3 4 5

摆盘方法

1 将凤梨头连叶子切下底部平整的一小块，摆放于盘面的左上部。凤梨叶朝外，避免刺伤人。

2 在凤梨头上插上两串鸭肉果蔬串。

3 于盘面的下部淋上樱桃酱汁，可用汤匙背面稍微刮开酱汁，成一随兴的弧线。并捞出樱桃酱汁中的完整樱桃，摆放于线条的起始处，成为酱汁上的重点。

4 于盘面的右上部放上茭白笋、红椒、花椰菜等配菜，堆叠成三角形，不要让配菜凌乱散落在盘面上即可。

5 最后在配菜堆叠的高处摆放上一株薄荷叶，以植物叶片增加整道菜的清爽之感。

餐具哪里买 | JIA Inc.

材料 | 鸭肉、凤梨、小番茄等

做法 | 将鸭肉切成方块状，放入烤炉烤熟，以竹签穿起鸭肉，并在头尾穿上小番茄、凤梨块。将凤梨的头部连叶片的部分切下一块，作为烤鸭串随后摆盘时的底座。

摆盘秘诀…

初学者如果想以酱汁画盘，可以45度角的线条滴下一少半汤匙中的酱汁（一次滴入太多酱汁容易造成画盘失败），并用汤匙背面以90度的角度划开酱汁，即可成为优美的线条。

樱桃烤鸭串　Plating Idea 2

加入底色变化的三角堆叠串烤摆置

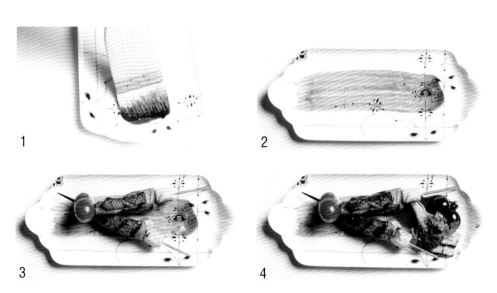

1

2

3

4

餐具哪里买｜
皇家哥本哈根手绘名瓷

摆盘秘诀…

此类的长盘面，可确立盘面的重心处，本次选择右侧为重心处，酱汁的刷法由右至左，并于右侧摆上配菜，让整体感觉由重至轻，以樱桃烤鸭串的交叉点制造视觉焦点，带来动态的向前的感觉。

由于樱桃烤鸭串造型偏长，因此很适合搭配使用长盘食器，串烤类食物的摆盘设计，除了变化摆设的位置，也可以加入交错或堆叠的方式。此外，如果料理本身带有酱汁，也可以使用刷子在盘面上刷上底色，多延伸出一道视觉的层次。

摆盘方法

1　以刷子蘸酱汁后于盘面中央刷上一条横线。

2　线条的宽度约占盘面的一少半即可。

3　将烤鸭串的头部处朝向左方，交叉堆叠在盘面中央，尾端则分开。

4　烤鸭串淋上酱汁，并于烤鸭串的尾端空隙处摆上完整的樱桃、花椰菜、杏鲍菇与萝卜叶等配菜，制造右侧稳重的均衡美感。

风味串烧　^{Plating}

Plating
Idea 1

串烧堆高强调视觉

串烧大多是以细竹棍穿起肉块或各类食材一并烧烤，故几乎皆呈长
条形。这道料理共有六串串烧，在视觉上也很容易拉高拉长。搭配
莺歌的特产餐具，别有一股思古幽情。

摆盘步骤

1　用挖球器制作地瓜泥球，放置于盘面右侧。

2　将猪肉串烧、牛肉串烧、羊肉串烧依序堆叠于地瓜泥球上。

3　将紫地瓜、小番茄、腌渍小梅子，放置于地瓜泥球旁，作为点缀即可。

餐具哪里买 │ 莺歌陶瓷

材料 │ 猪肉、牛肉、羊肉、黑胡椒、孜然、辛香料、日式
香料、马铃薯、地瓜、沙拉酱等

做法 │ 在这道"风味串烧"中，羊肉是以孜然粉调配腌制，
牛肉以黑胡椒加上辛香料来配制，猪肉则以日式香料腌制。
品尝起来有三种截然不同的口感。至于配菜也相当养生解
腻，例如马铃薯和地瓜皆可与沙拉酱搅拌捣成泥，制作成
球状搭配摆盘。小番茄与梅子则可先腌制过增加口感与风
味。也可搭配切块的南瓜，或一些生菜做变化。

风味串烧 Plating Idea 2
绿蕨装饰消解油腻气息

白色圆盘呈现的完全是西式料理风格，串烧虽然仍旧采用堆叠架高的方式，但是因为串烧本体皆为细长枝棍，圆形盘会显得空间有限。所以在堆叠时，不妨将角度更加拉高，再用新鲜蔬果作为搭配，加上生菜，并平衡下方空缺。

餐具哪里买｜IKEA

摆盘方法

1　将马铃薯泥球以竹叶衬底，放置在圆盘中央。
2　再将猪肉串烧、牛肉串烧、羊肉串烧，依序堆叠于马铃薯泥球上。在串烧塔的下方空间，放入小番茄、南瓜块。并加入绿卷须作为色彩点缀。

1　2

山椒风起司松阪豚肉 Plating Idea 1
黑黄对比跳显出亮眼差异

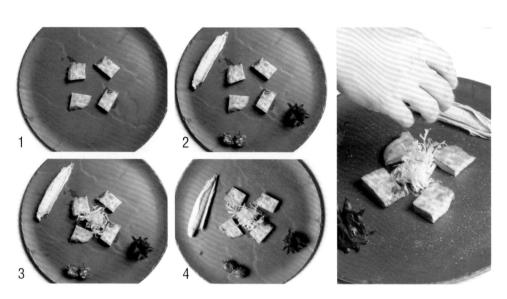

因为肉类需要保温的特性，因此常常会需要用到岩盘类的餐盘，这时候不妨大胆选用黑色系的食器搭配！一方面可以表现出肉品的粗犷与温热，也可进行色彩的对比。因为是圆盘的关系，所以一样将主体放在正中央，营造出视觉焦点，于周围摆放深色系的配菜，让盘面的色调看起来沉稳且抢眼。

摆盘方法

1　先将烤至金黄色的松阪猪肉切成四小块，摆放于圆盘中央，距离不必太过紧密，依照圆盘的线条，稍微围成一个圈即可。

2　将盐烤过的玉米笋、腌制好的洛神花、小番茄依序摆放在松阪猪肉的左方、右方、下方，形成一个三角形的构图。

3　将绿卷须直接放到四块松阪猪肉的中间，增添亮眼的绿色色调，并营造出略高于猪肉的高度，创造立体层次的美感。

4　最后于松阪猪肉以及黑色岩盘上均匀撒上山椒粉，增加食物风味即可。

餐具哪里买｜REVOL

材料｜松阪猪肉、带皮玉米笋、起司丝、洛神花、醋、糖等

做法｜将松阪猪肉煎熟后，加上起司丝送至烤箱烤至金黄色。玉米笋则以盐烤的方式处理；洛神花加入醋与糖腌制。

山椒风起司松阪豚肉 ᴾˡᵃᵗⁱⁿᵍ Idea 2
不对称扇形的摆放趣味

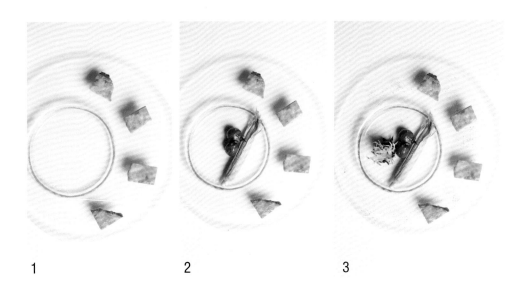

1　　　　　2　　　　　3

餐具哪里买｜特别订制

在使用此类中央与盘缘距离比例不统一的食器时，通常可以观察一下盘子上边为哪一边，才方便进行摆盘。本次以较大范围的盘缘为上边。料理重点：松阪猪肉摆放在上方的大面积盘缘上，让人一眼就能知道本料理的食用重点。

摆盘方法

1　将烤至金黄色的松阪猪肉切成四小块，摆放在圆盘上方较大面积处，可稍微散开，让彼此之间有点距离，才不会造成太过拥挤的视觉感受。

2　将盐烤过的玉米笋、腌制好的洛神花、小番茄排列在正中央的盘面凹陷处（不用堆叠，直接摆放即可）。

3　放上绿卷须，营造出堆叠的美感。最后在松阪猪肉以及上缘盘面上均匀撒上山椒粉，增加盘景细节并提升食物风味。

油封乳猪肋排佐番茄・紫苏衬松露
大面积留白，集中摆盘现美感

料理本身面积不大，却刻意选择一个大的平盘，借由画盘与摆饰的集中，为整体视觉创造出大面积留白。料理设置简约且均衡，不刻意为了填补空间而加入画盘或其他配菜的装饰。当食材与餐具一切从简时，即便只是稍稍调动料理的排放与位置，都能让食用者感受到摆盘的层次与美感。

餐具哪里买 ｜ JIA Inc.

摆盘方法

1　选择一个较大的圆形平盘，把烹调后的乳猪斜放于盘面的正中央。

2　运用烹调乳猪时留下的酱汁，在盘面的左上侧画盘。

3　取黑色的松露酱汁分别在盘子上各点两个圆点。

4　最后将微焦的烤小番茄交错排放，透过橘红色提升亮度使料理更为诱人，摆放上红紫苏叶装饰。

材料 ｜ 乳猪肋排、肉桂香料油等

做法 ｜ 先将乳猪烹煮直至软化，再以肉桂香料油小火慢煮约 1 小时，最后放进烤炉碳烤至表皮酥脆，即可盛盘摆饰。

巨型鲜虾衬坚果 · "原味酱汁"
黑粉衬白底，如诗如画的意境铺排

将主角巨虾放置在长方形的白色瓷盘盘面上，除了运用橘红色与白色酱汁画盘外，更刻意用黑色洋葱粉末，大范围地撒放填满留白的盘面，最后在看得见冰霜的冰叶缀色下，呈现出很恣意却又隐含秩序的摆盘巧思。

餐具哪里买 | IKEA

摆盘方法

1 先将炭烤过后的鲜虾以斜角方式摆放于长盘的左上方。

2 利用汤匙将橘红色的美国酱汁从两尾鲜虾中间朝右下角下拉，并取白色的核桃酱汁于左右各点上两个圆点。

3 焦糖化的黑色洋葱粉末随兴地撒在白色的盘面上，让黑白对比呈现出似东方的泼墨意境。

4 最后再将看得见结晶冰霜的冰叶放置在美国酱汁的左右两边。

RECIPE

材料 | 巨型鲜虾、生核桃、矿泉水、白洋葱等

做法 | 先将鲜虾去壳后剖半炭烤，并保留虾的头部做出原味的精华料理，如同美国龙虾汤一般却更为浓郁。将核桃加入些许矿泉水绞碎至细致的糊状。再将白洋葱以烤箱炉烤至焦糖化，最后呈现出黑色的细致粉末待摆盘使用。

日式烤鲜鱼 Plating Idea 1

摆盘带入食器色彩，酱汁增加动感视觉

浅蓝色的方圆盘，再加上水滴状相连的酱汁，充满律动的美感。在
摆盘设计上，利用酱料做出点缀与流动感，也是常用的方法之一。
再加上翠绿的玉羊齿作为搭配，原本可能单薄的烤鲜鱼，顿时显得
光彩耀眼。盘中点缀的梅子酱与橙汁酱，也可直接蘸取食用，酸酸
甜甜，别有风味。

餐具哪里买｜IKEA

摆盘方法

1　将玉羊齿放于盘中，两片尾端交叠。

2　将烤鲜鱼上淋上海胆酱、撒上海苔粉后，放在交叠的玉羊齿尾端位置。

3　在烤鲜鱼旁放上腌苹果切块和紫地瓜块。

4　最后在盘面留白的两侧，以梅子酱及橙汁酱，勾勒出水滴形状，再将
　其拉开，营造出流动感即可。

RECIPE

材料｜鲜鱼、海胆酱、调味粉等

做法｜将鲜鱼切成数段后直接烤熟，不需任何调味，直接
　　　淋上海胆酱、撒上调味粉即可。

餐具哪里买｜特别订制

日式烤鲜鱼 Plating Idea 2
陶瓷搭配竹叶包裹趣味

红竹叶中包覆烤鲜鱼，不仅增添香气，视觉上更显红艳亮丽。红竹叶两侧留下两道胡须，带动了盘面中的立体视觉，充满律动感。

摆盘方法

1　先将红竹叶两侧划出两道小胡须，再于底端划一小缝，将另一端折进缝内，放进盘中。

2　在烤鲜鱼上淋上海胆酱、撒上海苔粉，放入对折的红竹叶底部。

3　在红竹叶旁放置腌苹果、南瓜、香菜等作为点缀，既可食用，也增加了浓郁的日式风味。

雄虾明太子烧
对角摆放呼应食器造型

因为挑选的澎湖明虾体积本身就不小，将虾对切剖半，以对角方式
摆放，搭配青翠的竹叶来烘托橙黄明虾，色彩鲜明大方。

摆盘方法

1　先取绿竹叶一片，置于盘中对角线上。再将烧烤完成的明虾，与竹叶
　　呈交叉状相叠放置于盘中。

2　将芦笋与腰果丁等，铺撒于雄虾明太子烧上。最后竹叶尾端放上小番
　　茄作为点缀即可。

材料 ｜ 澎湖明虾、明太子酱、沙拉酱、芦笋、腰果等
做法 ｜ 将清洗完成的澎湖明虾对半剖开后，将明太子酱拌
上沙拉酱直接浇淋于其上，再将鲜虾直接送进烤箱设定时
间即可。最后再撒上切成丁状的芦笋与腰果点缀，增加视
觉效果与口感。

餐具哪里买 ｜ IKEA

摆盘秘诀…

明太子酱可在坊间一般
超市购得。若自己在家想
料理，购买新鲜明太子
后，将其划破取出鱼卵，
再与奶油一起搅拌即可。

189

创意焗烤　Plating Idea 1

红竹叶搭配小洋伞道具，营造日式情调

餐具哪里买 │ 特别订购

以一片红竹叶，在方盘中加入线条元素。搭配堆叠剖开对放的焗烤马铃薯后，再加入绿蕨与红蕨，插上一支画龙点睛的水蓝色小洋伞，营造日式闲散气息。

摆盘方法

1　将红竹叶对角线斜放在方盘中，红竹叶可伸出方盘边缘。

2　把焗烤马铃薯躺立放置，压叠在竹叶上方，制造立体高度。

3　把红蕨与绿蕨放置在马铃薯旁，带入青鲜的色彩表现。

4　最后插立一只蓝色小伞在马铃薯一角，带出立体感并营造日式情调。

材料 │ 香菇、鲜鱼、马铃薯、起司等

做法 │ 将鲜鱼和香菇等食材先炒熟，作为焗烤料理备用。再将马铃薯对半剖开挖空，将炒熟的料理放入马铃薯中，再将马铃薯撒上起司，一同放入烤箱即可。

创意焗烤　Plating Idea 2

白色圆盘搭配翠绿玉羊齿，映衬料理主食

圆形的白盘算是基本餐具，如果想搭配马铃薯焗烤该如何设计摆盘呢？运用翠绿的
玉羊齿强化视觉，再加上鲜黄百香果南瓜片，不仅视觉饱满，品尝起来也充满香甜
清爽。

餐具哪里买｜
PEKOE 食品杂货铺

摆盘步骤

1　先将玉羊齿放于圆盘中，
　　玉羊齿底端可靠近圆盘中
　　间位置。

2　将焗烤完成的马铃薯一躺
　　一立，对放在玉羊齿底端，
　　也就是圆盘中间位置。在
　　下面放上百香果南瓜片，
　　最后再放上绿蕨做点缀即
　　可。

摆盘秘诀…

百香果南瓜片的口感香甜清
爽，作为料理佐料再适合不
过，若是在家自己做，可将南
瓜切成薄片后，与百香果一同
搅拌即可完成。

1

2

芥末籽烤春鸡 Plating Idea **1**

干烤春鸡，四方配菜

烤鸡类的料理，为了能够完整展现整只鸡，通常采用大盘子摆设。
本摆盘选用白色四方盘，将春鸡摆在正中央，四个角落再摆入四种
口味不同的配菜，让人在食用时不至于口感混淆，也能展现大方的
料理印象。

餐具哪里买｜特别订制

摆盘方法

1　先于盘面的左上方，摆上半月形的蛋茄、花椰菜、胡萝卜，摆放方式
　　为稍微交叉堆叠即可。右上方则摆上红椒、花椰菜。

2　盘面的正中央摆上春鸡。右下角放上一颗烤过的蒜球。

3　盘面的左下方摆上芥末籽做成的泥状酱料。

4　四个角都摆上配菜之后，在春鸡上撒上海盐，并于外围淋上橄榄油，
　　除了让各配菜的口感较为融合之外，也能增添盘面上的线条变化。

材料｜蛋茄、花椰菜、胡萝卜、红椒、蒜球、春鸡等

做法｜将春鸡与蔬菜放入烤箱内，以200℃的高温，约莫烘
烤18分钟左右，直到春鸡的表皮呈现金黄色即可。

3

芥末籽烤春鸡 Plating Idea 2

红酒春鸡，盘面切割术

使用稍微有凹陷的圆盘，以免酱汁外溢。并以酱汁将盘面切割成上下两部分，没有酱汁的部分可以摆放清爽的配菜。

餐具哪里买 | IKEA

摆盘方法

1   于盘中的下半部倒入芥末籽红酒酱，约莫占盘面的一半即可，不需要铺满整个盘面，也让盘面的上下两块各有不同的底色。于上半部放上三朵花椰菜，花椰菜可选择不同的颜色交叉摆放，增加视觉美感。花椰菜上放上胡萝卜与红椒，与其交叉。

2   将春鸡摆放于下半部的酱汁上，右边靠近配菜处摆放蛋茄。

3   于配菜上随意放上两朵食用花，增添鲜艳的色彩。春鸡上摆上迷迭香，并撒上海盐增加风味，最后于配菜上洒上橄榄油。

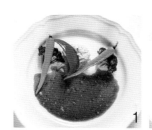

1

2

蔬菜杯子蛋糕 　Plating Idea 1

黑瓷盘衬底，生菜围出花团锦簇

选择一个黑色的瓷盘，利用生菜与彩椒的色彩，围出一个好似花环的圆形，当蔬菜杯子蛋糕放置其中后，展现出花团锦簇般繁华美丽的田园风貌。

摆盘方法

1 在黑色瓷盘上用生菜沙拉做出一个圆环。
2 将蔬菜杯子蛋糕内所铺叠的茄子、栉瓜交错点缀。
3 摆放上一圈切成段状的彩椒，利用其红黄亮度跳脱黑色盘底的深沉感。
4 用蔬菜围出一个花环。
5 最后将蔬菜杯子蛋糕放入正中央，并在右上角摆放一株罗勒叶即可端上桌。

材料｜面粉、蛋黄、橄榄油、茄子、栉瓜、番茄酱、起司等

做法｜将面粉、蛋黄与橄榄油揉匀成面团后，用保鲜膜裹冷藏静置24小时，切块碾平后即完成千层面皮。将千层面皮铺在小圆形模具中做出碗形，再将煎过的茄子、栉瓜铺叠于内，最后将番茄酱倒入其中后覆盖起司烘烤成焗烤状，即可摆盘。

餐具哪里买｜IKEA

蔬菜杯子蛋糕　Plating Idea 2

零负担蔬菜杯子蛋糕上桌

将蔬食做成杯子蛋糕的趣味巧思，利用蛋糕纸托与木板等素材搭配，加入
大量蔬食生菜向上堆叠出尖塔形状，创作出一份零负担的可爱轻食料理。

餐具哪里买 ｜ IKEA

摆盘方法

1 先在木板上摆放一个蛋糕
　纸托。

2 将烤好的千层面皮置入蛋
　糕纸托中。

3 把大量生菜沙拉堆叠于蛋
　糕上拉出尖塔高度。将栉
　瓜、茄子以扭转方式放在
　生菜沙拉上方。最后取一
　株罗勒叶点缀于最上方，
　一份可爱的蔬菜杯子蛋糕
　大功告成。

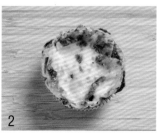

烤味噌鳍鱼 Plating Idea 1

集中料理范围，底色彰显主食诱人鲜味

本件食器本身就拥有非常美丽的渐层釉色变化，因此在摆盘时利用食器的优点，将料理的主食摆放在食器的中央，周围的渐层绿色衬托出料理的焦点。

餐具哪里买｜mad L

摆盘方法

1　将烤味噌鳍鱼的烤面向上放置于中央偏左的位置。

2　再将金黄色的酥脆牛蒡丝取与鱼肉等同大小的分量置放于右侧后方位置。

3　最后再将褐色的日本小芋头与黄绿色的银杏，分别放在鱼肉上与牛蒡丝旁，让整道摆盘口感与视觉更加完美。

3

1

2

烤味噌鳕鱼 Plating Idea 2
单纯食材的造型趣味变化

主厨和知军雄以粗面的米色釉盘作为摆放烤鱼的基底，让鳕鱼烤过的焦黄表面与盘子的纹理相互呼应。虽然食材元素比较少，能运用的材料有限，但厚块鳕鱼的面积较大，搭配上线条状的金黄色系的炸牛蒡丝、圆球状的银杏与日本小芋头，食材之间的造型趣味也随即开展。干净大器却又不失变化的摆盘手法十分适合刚入门的初学者尝试。

餐具哪里买 | mad L

摆盘方法

1 将烘烤过后的味噌鳕鱼平放于圆盘的正中央。
2 再把现刨炸至金黄色的牛蒡丝聚集堆叠于味噌鳕鱼的上方。
3 最后再将竹签穿起的银杏、日本小芋头以立、躺的方式酌量点缀即大功告成。

RECIPE

材料 | 鳕鱼、酒粕、味噌、牛蒡丝、酱料等
做法 | 油脂丰富且鲜嫩的鳕鱼，以酒粕、味噌调味后放入烤箱，过程中必须反复蘸裹酱料，待其烤至外皮金黄入味，再以炸过的现刨金黄牛蒡丝等摆盘。

里奥哈红酒慢炖牛尾
书卷造型餐盘，营造文质底蕴

餐具哪里买│特别订制

此件扁平的白色长盘，左右两侧弯曲弧度造型像是展开的书卷，中央摆放用红酒炖过的深色牛尾，牛尾的上方缀以腌渍过的紫色马铃薯，左右各放置一个粉红色的樱桃萝卜互为对应，分出了色彩层次。

摆盘方法

1　取炖牛尾的酱汁随兴地从盘面的左上至右下方绘出一条斜线。

2　将经炖煮后烤过的圆形牛尾放置于盘面的下方中间。

3　紫色马铃薯放在对齐牛尾的红色酱汁的另一旁。

4　最后把带有优雅粉红色的樱桃萝卜放置于左右两边，再取一小株迷迭香插进牛尾的左上处后则大功告成。

材料│牛尾、里奥哈红酒、美国紫色马铃薯、樱桃萝卜、味醂等

做法│以渗透压方式将萝卜用味醂进行腌制，并将美国紫色马铃薯加工至软嫩，再以里奥哈红酒慢火炖牛尾至软嫩后去骨，酱汁过滤慢煮至光面的质感后，再把牛尾肉放于圆形模型进烤炉烘烤。

炖煮
Stew

运用中央具深度的汤碗，以堆叠方式做出高低的层
次感，而食材本身呈现深浅不一的红色渐层趣味，
再画龙点睛用一株薄荷叶点出整体焦点，利用颜色
突显出食材的美味。

西班牙番茄冷汤 Plating Idea 1
色彩与构图的渐层堆叠

1　**2**　**3**　**4**

摆盘方法

1　先将圆形模具摆放于汤盘正中央，把番茄丁装填至 2/3 高度后再将模具拿起。

2　用夹子取一尾已剥壳的芦虾，放在番茄丁塔上。再将另一尾芦虾以同方向叠在上方。

3　顶端处缀以一株嫩绿的薄荷叶以增色用。

4　最后再将冷汤仔细倒于番茄塔周围，高度至番茄丁一半即可，让部分番茄露出汤的表面如一悬浮小岛，最后再点上一圈橄榄油即可。

餐具哪里买 | LEGLE

RECIPE

材料 | 芦虾、番茄、甜椒、芹菜、洋葱、大蒜、橄榄油等

做法 | 把番茄、甜椒、芹菜、洋葱、大蒜和橄榄油放进果汁机打成液状，并用滤网过滤出汤汁。再将番茄切成丁状，并将烫熟的芦虾剥壳待摆盘使用。

摆盘秘诀…

把切丁的番茄填入模具中时，要用汤匙稍微用力轻压达到紧密固定的效果，避免摆放虾或是加入冷汤时散落。

西班牙番茄冷汤　Plating Idea 2
芦虾围绕点缀花朵意趣

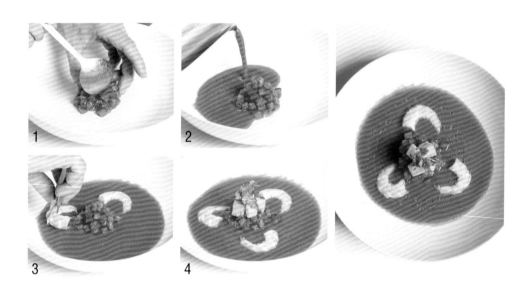

1　2　3　4

餐具哪里买 ｜ IKEA

选择一个面广的大汤碗，让食材的排列有更多变化性，三尾对排的芦虾浮在汤面上，仿佛是一朵初开的花朵鲜嫩诱人。

摆盘方法

1　用汤匙取一勺番茄丁堆置于汤碗正中央，呈一座小山状。
2　将过滤后的冷汤缓缓地以环绕的方式倒入碗中，高度至番茄丁小山的一半处即可。
3　去壳的三尾芦虾内侧朝中心摆放，让半露出汤面的虾呈现出花朵绽放的造型。
4　最后于番茄丁上摆放少许面包丁以及香叶芹，并在冷汤上淋些许橄榄油增加汤品光泽度。

摆盘秘诀…

由于新鲜现打的冷汤会带有泡沫，因此在倒入冷汤时要轻微摇晃，减少泡沫流进碗中。

材料｜市售泡面、XO 酱、香菜等

做法｜以热水将泡面煮至面条软化后即可捞起，拌入香菜与 XO 酱，添加
口感与视觉变化，也可加入其他自己喜欢的配料。

XO 酱泡面 Plating Idea 1

鸡尾酒杯
营造独特情境

泡面不是只能放在碗里，也可与鸡尾酒杯进行搭配，便成为一道点心。高脚杯拿取方便，装盛了分量少的 XO 酱泡面，也能轻松入口食用。

摆盘方法

1 将泡面与 XO 酱拌匀后，夹起三四口的分量放入高脚杯中。注意泡面与杯深的比例，太满或太少都会影响视觉效果。

2 将一片生菜修剪成羽毛状，倾斜插入杯缘，生菜可解腻并营造出轻盈的感觉。再加入辣椒丝等进行点缀即可。

XO 酱泡面 Plating Idea 2

泡面塑形，
平价美食质感升级

泡面本身具有卷曲的线条，若直接摆放盘中，很容易显得散乱。在此利用塑形方式，将泡面带出高度。

摆盘方法

1 用刷子蘸红曲酱在圆盘的中间平刷一道宽直线。再把拌炒过的泡面塞入圆形的模具中压紧，固定后移开模具。将一小匙 XO 酱，浇淋在泡面上，

2 依序叠上腌萝卜丝、蒜苗丝、辣椒丝。最后放上食用花等进行点缀即可。

餐具哪里买 | 一般餐具行

餐具哪里买 | IKEA

摆盘秘诀…

也可先在模具中填塞一半泡面，加入一匙 XO 酱后再盖上另一半，让泡面中间夹入 XO 酱，可以营造多层次的口感。

主厨肉燕汤　Plating Idea 1

画盘呼应菜色，营造故事情境

｜ 餐具哪里买 ｜ IKEA

在此选用西式的圆形宽缘汤盘，为了营造汤品的画面意境，利用红曲酱与黑醋，在盘缘上画出悠游的鲤鱼，也避免留白过多显得单调。

摆盘方法

1　白萝卜在炖煮前，先切成梅花造型，摆盘时在汤盘中先放入白萝卜。

2　盖上肉燕。把炖煮肉燕的汤倒入盘中，让肉燕的上半部浮现在汤汁上，再于周围放入竹笙。最后在肉燕上叠放一小片雕切出的叶片造型的胡萝卜，再放上油葱酥与香菜，以提升汤品的口感与香气。

3　利用红曲酱与黑醋，在盘缘上画盘。

材料 ｜ 肉燕皮、猪绞肉、香菇、芹菜、香菜、米酒、高汤、金钩虾、葱、胡椒粉、油葱酥等

做法 ｜ 将香菇泡软切丁备用。接着爆香葱白，并把肉燕皮裁成长方形，包入绞肉、香菇丁、芹菜丁、金钩虾与葱绿等内馅，拌入胡椒粉等调味料，将肉燕包成三角形。在汤盅内加入高汤、米酒及肉燕等，用蒸笼蒸 1.5 小时后取出加入香菜及油葱酥即大功告成。

主厨肉燕汤　Plating Idea 2

食材与食器之间的几何造型趣味

由于肉燕包裹成三角形，因此主厨刻意使用四角的汤碗，再于肉燕下方压放四角形的白萝卜。由碗外看碗内，形成一连串几何造型的交错变换。最后焦点落在肉燕上方的胡萝卜与炸过的日本冬粉上，为下方的几何层叠带出出格的造型趣味。

餐具哪里买｜IKEA

摆盘方法

1　在汤碗中摆放裁切成四角形的萝卜块，再把肉燕摆放在萝卜块上，并撒上油葱。倒入肉燕的汤汁，汤汁的分量稍稍盖过萝卜即可。

2　最后放上胡萝卜丝、绿色的虾夷葱苗，再以一条弯曲的炸冬粉作为点缀，看起来不但大气，也为肉燕与萝卜的几何感增加突出的趣味。

羊膝本身是带骨的，为了让食用者方便以刀
叉食用，选择了将它以立起的方式摆盘，让
食用者能轻松切除羊肉。搭配环绕在旁边的
配菜，营造出清爽又优雅的感觉。

松露红酒炖羊膝　Plating idea 1

主食直立摆放，兼顾方便性与注目度

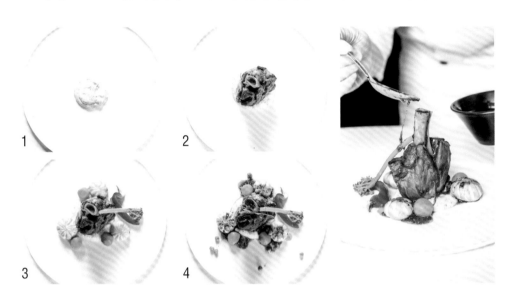

摆盘方法

1. 于盘面的正中央摆上混入松露的薯泥，约莫占盘面的 1/10 即可，可当作摆放羊膝的底座。
2. 羊膝立放于薯泥上，羊骨朝向空中，直立摆放。
3. 于羊膝的周围等距离摆上三处蘑菇、胡萝卜球，形成稳固的三角。于右侧摆上红椒与青花笋。
4. 于配菜与羊膝上淋上红酒松露酱。并于四周随意撒上豌豆仁，最后于羊膝上摆上迷迭香。

餐具哪里买｜JIA Inc.

材料｜红酒、羊膝、马铃薯等

做法｜羊膝先以烤箱烤过，放入锅中加入红酒，炖煮至熟，约莫九十分钟左右，至羊膝软嫩入口即化时，即可捞起；马铃薯则蒸熟，打成泥。

松露红酒炖羊膝 Plating Idea 2
按照食材味道的轻重摆盘

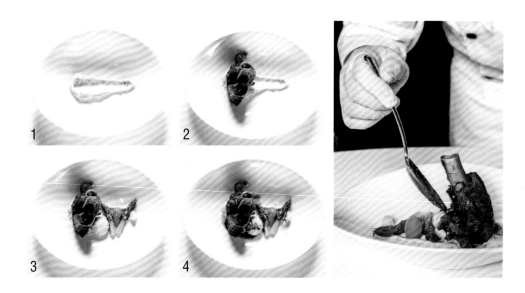

以一般右撇子习惯来说，盘内食物的食用顺序是由右边至左边，因此若希望食用者率先食用的部分，通常会摆放于右侧。此道料理本身的配菜与主食，味道由淡至浓，摆放的位置也按照食材味道的浓淡排列，能够更深刻品尝料理的美味。

摆盘方法

1　将混合松露的马铃薯泥，由左至右于盘中压画出一道宽线条，让线条中间留些空隙。

2　羊膝摆放于薯泥的线条起点，偏向盘中的左侧位置，上方摆上红椒。

3　于羊膝的右侧，摆上小洋葱、芦笋、胡萝卜球、芦笋、蘑菇等配菜。

4　淋上红酒松露酱，并将迷迭香放置于羊膝上即完成。

材料｜牛肉、寿喜烧酱汁、葛粉、鸡蛋等

做法｜将顶级牛肉片烫过后调味寿喜烧酱汁，并以葛粉勾芡增加其滑润的口感。另外颠覆传统寿喜烧蘸裹蛋汁的吃法，改以将蛋白打发成绵密顺滑的蛋沫，挑战寿喜烧更顺口的全新吃法。

寿喜烧牛肉丼 Plating Idea 1

蛋沫衬出食器红底

蛋沫与食器制造出红白对比的鲜明印象。
朱红色的碗面内外皆可看见美丽的木纹，
特别适合用以表现日本料理的自然质感。

摆盘方法

1　将白饭装进碗中约 1/3 满，再将牛肉铺排在
碗面的左半边。

2　以汤瓢取适量的白色蛋沫浇淋在碗的右半
边，略微覆盖在牛肉的中线上，两者不要有
明显的分隔。

3　最后将一片剥成小叶的香菜放在蛋沫上方，
带出红绿的细节对比。

寿喜烧牛肉丼 Plating Idea 2

食材与食器的
和谐温度

以食器与蛋沫的乳白色为基底，利用同色系
的和谐感，衬托出料理的温度，整体呈现出
温暖柔和的质感。

摆盘方法

1　将适量的饭放于碗中，再将肉片覆盖于左侧
白饭之上。

2　将蛋沫覆盖于右侧的白饭上，稍稍使肉片与
蛋沫交融。最后撒上绿色的山椒粉，丰富食
用时的香气。

餐具哪里买 | Prime Collection

餐具哪里买 | mad L

摆盘秘诀…

由于红色碗面的颜色与蛋沫有明显的深浅对比，
故浇淋蛋沫时切记别沾到碗的内缘侧边，避免整道
摆盘失去其美观性。

西班牙瓦伦西亚风味炖饭
冷冽不锈钢摆盘颠覆西班牙炖饭传统

餐具哪里买 | nest 巢·家居

舍弃一般西班牙炖饭常用的铁锅,这里改用船形的金属食器盛装,借由不锈钢的冷冽质感,与高温热食温度产生趣味的冲突对比。西班牙主厨更推荐让炖饭放冷后食用,可以更加感受到饭粒的嚼劲。

摆盘方法

1 将烹煮好的炖饭放在盘中段位置,两端弯翘的设计让炖饭有种被包覆于其中的感觉。

2 稍微调整海鲜的方向,尽量让其自然地露出来。再将两瓣莱姆垂直立放于炖饭上,并放一小簇装饰叶于中央点缀。

RECIPE

材料 | 时蔬、米、番红花、高汤、贝类与鲜虾等各式海鲜食材、莱姆、西班牙红椒粉、特级初榨橄榄油等

做法 | 将时蔬煨煮直至软化后加入米、番红花、西班牙红椒粉和高汤,并陆续放入贝类与鲜虾等各式海鲜,要注意海鲜分别需要被料理的时间,最后再以些许莱姆与特级初榨橄榄油做装饰。

鼎恩版本宫保鸡丁
分子料理颠覆传统中菜印象

餐具哪里买｜nest 巢・家居

本道料理具有搭配的酱汁，因此选用了侧边附带小碟的造型盘。另外运用分子料理方式将宫保鸡丁酱汁转变成白色粉末，却完全保留原始风味，让料理在活泼的白色泡泡圆盘内，产生令人惊奇的互动。

摆盘方法

1 先用刷子将花生酱顺着圆盘的弧线由中间向外刷。
2 铺上花生碎粉，放入乌骨鸡制成的奶油球，并摆放上红色的人参根。
3 把经分子处理的白色粉末集中撒在乌骨鸡一旁，方便食用时蘸取。
4 最后把三粒花生内面朝上地摆放于花生酱中间并缀以食用花。

RECIPE

材料｜乌骨鸡、花生奶油、麦芽糊精、香味鸡脂肪等

做法｜烹煮鸡肉直至肉软化后把鸡翅部位制作成西班牙奶油球，再将麦芽糊精与鸡脂混合在一起做成宫保"雪花"，颠覆传统宫保鸡丁的形貌。

正方形的餐盘中内嵌一小正方形凹槽，产生双重的方正
视觉感，在此使用酱汁彩绘，以对角线将方形切分为
二，再将食材置于中心。摆盘时牛肉卷可立可卧，和细
微波浪状的酱汁与方正的餐具形成另一种视觉趣味。牛
肉片与卷入的金针菇口感极为搭配，彩绘的酱汁可使用
加糖熬煮的老抽酱油，效果会更为立体显著。

白灼嫩牛肉 Plating Idea 1

方盘彩绘，趣味切割画面

1   **2**   **3**   **4**

摆盘方法

1   以老抽酱汁彩绘，以盘面正方形的对角线为准，绘出细波浪线条。

2   取一金针菇牛肉卷，置于盘中央，与波浪线条交错。取一金针菇牛肉卷，对切为二，分别立于先前完整的金针菇牛肉卷两侧。

3   在一立着的金针菇牛肉卷前再放上一金针菇牛肉卷。

4   用辣椒丝与葱丝点缀，最后将一小根香菜放在牛肉卷上。再淋上些许高汤酱汁即可。

餐具哪里买 | RAK

RECIPE

材料 | 牛肉、金针菇等

做法 | 将牛肉切成薄片，卷入金针菇，固定好放入滚水中氽烫即可。也可卷入胡萝卜、豆芽菜、芹菜等蔬菜。

白灼嫩牛肉 Plating Idea 2
细碎豌豆的盘面跃动

1　**2**　**3**　**4**　**5**

餐具哪里买 ｜ PEKOE 食品杂货铺

餐具的盘面若有美丽的图案，当然不可浪费！可巧妙地加入摆盘的设计中，或先刻意遮盖，待食用完毕后再使食客惊喜。迥异于全部盘面满满的花草绘画，或盘缘的精致勾边，这是一款以浅蓝色勾边、正中有彩绘虾的圆盘餐具。为了突显盘面正中的彩绘鲜虾，将牛肉薄片放于一侧，对侧则放上芹菜丝与胡萝卜、豆芽菜，最后再均匀地撒放鲜绿色的豌豆，让整个盘面充斥了鲜活的绿色斑点，形象鲜明的色彩与盘饰图案搭配，充满了故事性的想象空间！

摆盘方法

1. 在虾的彩绘图案下方放置芹菜丝、胡萝卜丝、豆芽菜，注意皆需切成同等长度，排列整齐。
2. 再将氽烫牛肉片放置于虾的彩绘图案的上方，可将牛肉薄片层层堆叠成小丘状。
3. 于牛肉薄片上放置辣椒丝及葱丝，拉高整体视觉。
4. 于牛肉薄片上浇淋上高汤及蚝油调制的酱汁，同时也浇淋于芹菜丝、胡萝卜丝及豆芽菜上。
5. 最后再于盘面上随兴撒上绿豌豆作为点缀。

材料｜鸡肉、番茄、甜椒、洋葱、大蒜、番茄酱、高汤等

做法｜先将鸡肉煎至金黄色备用。再将洋葱切片，番茄切块状或片状皆可，大蒜切碎，甜椒切片去籽。将所有食材放入方才煎鸡肉的锅里拌炒，再加入一大匙番茄酱及高汤，最后放入鸡肉一同焖煮。可视情况焖煮，视酱汁收干的程度，焖煮10至30分钟皆可。料理完成后可搭配米饭或薄饼，皆有不同风味。

巴斯克炖鸡 Plating Idea 1

极简摆盘，衬托食器质感

这件来自日本的餐具，像是一件迷你艺术品，圆碗虽小，握在手中却颇具分量与质感，简单的摆盘方式最能突显餐具。

摆盘方法

1 将巴斯克炖鸡放置于圆盘上方，并在炖鸡旁放上剖半的小番茄及橄榄，再放上薄荷叶作为点缀。

2 在巴斯克炖鸡下方放置金黄色薄饼，并在薄饼上放置紫色高丽菜与绿色山萝卜叶。

巴斯克炖鸡 Plating Idea 2

黑红映衬东方禅意

购自京都的黑色圆盘，在灯光下散发出黑亮的色泽，充满古朴的意味。在色彩的搭配上，由于已经有番茄和甜椒入菜，所以可以使用小番茄整颗或剖半进行黑红对比摆盘。

摆盘方法

1 将巴斯克炖鸡盛入碗中，可以稍微刻意堆高成小丘状，塑造出立体感。

2 放置剖半的小番茄及橄榄作为点缀，最后再加入薄荷叶，增加视觉亮点。

餐具哪里买 | 日本京都・清水烧　　日本滋贺县・信乐烧

摆盘秘诀…

薄饼可以用面粉与鸡蛋、水、牛奶搅拌后，放入烤盘烤至金黄色即可。亦可在薄饼中夹入生菜或火腿，视个人喜好可自由发挥。

起司海鲜炖饭 　Plating Idea 1
高低起落的摆盘层次韵味

餐具哪里买 ｜ JIA Inc.

米饭搭配模具，就能够呈现出多样的摆盘设计。在此主厨将炖饭塑成圆柱状，带出立体感，在有深度的汤盘中呈现出高低起落的层次变化。

摆盘方法

1　将炖饭放入圆形模具中，塑造出基础造型。炖饭周围摆放上虾、朝鲜蓟、干贝、海胆与鲑鱼卵作为点缀。在炖饭上方插上两片帕马森起司与带叶的整株油菜花。

2　围绕着整道炖饭以及配菜，随意以意大利巴萨米克黑醋画上装饰线条，并撒上绿色虾夷葱，增添盘面色彩丰富度。

1

2

RECIPE

材料 ｜ 白饭、虾、干贝、高汤、奶油、番茄酱等

做法 ｜ 将白饭加入高汤、奶油、番茄酱一起炖煮，直到酱汁收干。虾剥壳干煎、干贝煎熟备用。

起司海鲜炖饭 Plating Idea 2

加入线条平衡摆盘的轻重比例

海鲜炖饭摆放于中央凹陷处，素面的白色盘面也能够作为画盘发挥。最后摆上一根
未切过的长条虾夷葱，更带出画龙点睛的绿色美感，增添些许的田野风味。

餐具哪里买 | IKEA

摆盘方法

1　海鲜炖饭置于盘中凹陷
　　处，并稍微留出空间。以
　　刷子蘸上照烧酱，从右上
　　到左下刷上一道粗线，刚
　　好切过炖饭的边缘。一旁
　　摆上数片朝鲜蓟，叠上海
　　胆，撒上几粒鲑鱼卵作为
　　点缀。

2　于炖饭上摆上干贝与虾。

3　于炖饭中间插上帕马森起
　　司片。最后于炖饭上方撒
　　上切碎的虾夷葱，再斜放
　　一根未切的虾夷葱，丰富
　　整体色彩。

摆盘秘诀…

生鲜蔬菜比如新鲜九层塔、新
鲜未切的虾夷葱，都可以在最
后摆盘时放置于料理之上，除
了增添色彩以外，也给人耳目
一新的感觉。

透明的沙拉玻璃碗中和了卤肉视觉上的油腻感，底下衬上波浪弧度的白色瓷盘作为托盘，让翠绿的生菜色泽加倍。再适度摆放火龙果、小番茄、巴西里等蔬果搭配，加上汤匙的运用，小小一方舞台，顿时主配分明，热闹加倍！

家传卤肉 Plating Idea 1
透明沙拉碗清爽解油腻

摆盘方法

1. 在波浪盘上放上透明沙拉碗，碗中铺满展开的生菜，再于盘面右侧放上造型汤匙。右上侧放置切丁的巴西里、火龙果、小番茄。小番茄上放上黄色花朵及绿色枝梗作为点缀。

2. 将卤肉盛入沙拉碗中交错堆叠制造高度。

3. 在汤匙中放置一块卤肉，并可取一小粒蒜头放置其上。

4. 最后于沙拉碗的卤肉上放置香菜，并于汤匙旁的角落放置一小片香菜，与卤肉上的香菜相互呼应。

餐具哪里买 | 一般餐具行

材料 | 五花肉、姜、葱、蒜头、辣椒等

做法 | 将五花肉切块下油锅，以180℃的高温大火油炸，至五花肉显现金黄色泽。接着再放入姜、葱、蒜头、辣椒一起下锅熬煮，约莫90分钟即可做成香喷喷的家常卤肉。

家传卤肉　Plating Idea 2

竹叶如燕飞舞，香菜提升色泽与香气

此件食器造型宛若一面盾牌，质地雪白，散发出温婉典雅的气息。深度装盛双人份的主菜是刚刚好，弯曲的深型弧度恰恰可让菜色一览无遗。用竹叶做出小小的设计与加工，摆设出恍若飞燕在天的形象，鲜橙的卤肉色泽也显得更加跳脱亮眼。再放上小片的香菜作为点缀，不仅香气四溢，更有画龙点睛之效。

摆盘方法

1　先取竹叶剪出斜角，并于斜角中划一道直线，使竹叶呈燕尾状。

2　将竹叶 1/2 片竖起，取出两块卤肉，分别放置竹叶一前一后，令竹叶斜角呈立站姿。将卤肉一一放入碗中。

3　加入蒜头，带入色彩变化。

4　再将卤汁倒入其中，约至白碗的一半。最后取香菜放置卤肉上，不仅增添视觉亮点，更能提升卤肉口感与香气。

餐具哪里买｜一般餐具行

摆盘秘诀…

想要让卤肉又嫩又香，建议选用肥三瘦七的五花肉，可谓是肥瘦最合宜的黄金比例。如此就可烹煮出让人唇齿留香的一百分家常美味。

蛤蜊味噌汁 Plating Idea 1

纯白食器激起汤品清爽联想

餐具哪里买 ｜ DEVA

采用纯白色的汤碗是最安全且容易成功的组合，可替汤品带来清爽的视觉感受，并且选用开口较大的汤碗，可让汤品中的食材略突出于汤品之上，增加摆盘上的视觉美感。

摆盘方法

1　将蛤蜊放置于汤碗的正中央，堆叠出一个略高于汤碗的高度。把味噌高汤轻轻倒入汤碗中，小心不要破坏了蛤蜊堆叠的形状，汤汁约莫七分满，稍微让白色汤碗有留白的地方。

2　将葱绿与葱白切成细丝，堆叠在蛤蜊的中心点。最后在汤碗内撒上芝麻粉，增加汤品口感，芝麻粉需均匀撒在汤品上，勿全撒于汤碗的某一角落。

材料 ｜ 柴鱼高汤、蛤蜊、味噌等

做法 ｜ 柴鱼高汤加入味噌，煮滚之后，加入新鲜蛤蜊煮开，蛤蜊煮开之后需要将蛤蜊捞起，避免肉质老化。

蛤蜊味噌汁 Plating Idea 2

活用抽象纹理，注入摆盘时尚元素

在传统的印象中，汤品的装盛习惯使用小且深的瓷器，这样运用可能会让汤品的分量看起来略小。此摆盘设计采用较大的汤盘，食器的最大特色就是透明材质且有艳蓝的抽象纹理。此类具有鲜明抽象图案的食器很适合用来营造料理的时尚感。

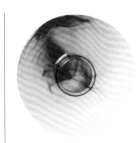

餐具哪里买 | 国外订购

摆盘方法

1 先将蛤蜊堆叠于汤盘中，添入味噌高汤，注意添加的汤汁不可超过中央凹陷处。

2 均匀且交错地将葱花撒在盘缘上，可引导目光欣赏汤盘上的美丽花纹。最后撒上芝麻粉。

1

2

二刀白肉　^{Plating}^{Idea} **1**

三层次渐层堆叠，
视觉效果大方清新

只要运用一点巧思，长方形盘是很能够发挥的选择。比如这道料理"二刀白肉，针对长方形盘的摆盘，直接以黄瓜薄片和肉片重叠铺上，就充满简约之美与质感。

餐具哪里买｜一般餐具行

摆盘方法

1　将黄瓜薄片以一片斜压一片的方式叠放于盘中。
2　再将汆烫肉片以同样的方式叠放铺设，盖在黄瓜薄片上。
3　在肉片上横向地浇淋上蒜泥酱油膏，增加上第三层次的视觉质感。
4　最后将碎青椒放于中间的肉片上，加入一个视觉的焦点，摆盘即告完成！

材料｜猪肉、黄瓜、青椒等
做法｜首先将猪肉切成薄片汆烫，再将黄瓜洗净后亦以薄片处理。最后将青椒先以热油煸过，再剥皮去籽剁碎。

二刀白肉 Plating 2
Idea
方便食用的单人分量

二刀白肉需搭配蘸酱，两个相接的四方盘，正好适合用于放置食材与酱料。加入包裹的概念，将肉片卷包生菜，不仅方便食用，在视觉的呈现上亦可显见主厨之巧心。

摆盘方法

1 将生菜切成小段后，以汆烫肉片包覆卷起。由于分量较少，不宜直接摊放，因此采取站立与横放的交错，带出整体摆盘的立体感。舀取几勺蒜泥酱油膏，放置于四方盘中之另一盘内。

2 除了酱汁，或可加入另外的配菜，以提升整体的色彩变化。

1   2

餐具哪里买 | 八方新气

摆盘秘诀…

汆烫白肉直接包裹生菜一起搭配，很方便食用。若是没有生菜也可以用小黄瓜取代，清脆的口感一样不打折。

233

槟榔树心衬迷你红虾塔塔
黑石与泡沫诠释火山意象

餐具哪里买 | 取自天然石材

本料理是台湾道地的槟榔树心搭配新鲜甜虾，主厨 Daniel 表示愈接近火山的槟榔在口感上愈出色，为了呈现出料理与摆盘的完美协调，使用采自火山周围的黑色熔岩当作食器，并把杏仁牛奶以分子料理手法制成泡沫状，表现火山的喷发感。

摆盘方法

1 选择一块正方形瓷砖，放上大小适中的岩石。

2 将槟榔树心以直立的方式放稳在岩石正中央。

3 再取迷你红虾小心堆叠于槟榔树心顶端，并撒上些许盐提味。

4 将经过特殊处里的杏仁泡沫覆盖整个红虾后，挑选一株细长的迷你豆苗放在上面，映衬大自然变幻与新生的生命力。

材料 | 槟榔树心、迷你红虾、杏仁牛奶等

做法 | 先将槟榔树心烹煮至软化，并将两尾红虾去壳待摆盘时使用。再将与槟榔树心相互呼应的白色杏仁牛奶，运用分子料理概念做成泡沫状。

浓郁墨鱼炖饭佐嫩煎章鱼 · 西班牙 ajada 红椒粉
滴管取代酱碟，摩登前卫新巧思

餐具哪里买｜特别订制

在纯白正方形盘面中，利用红椒粉带出一道明快的对角斜线，也带来了一些不安定的动态感。可依喜好搭配的红椒蒜味橄榄油不直接淋上，而以滴管的方式斜插于炖饭中。利用滴管取代酱碟的方式，提升了用餐的前卫感与视觉上的纵向高度。

摆盘方法

1 把加入墨鱼酱汁炖煮的意大利米炖饭，填满中央圆洞中。

2 再将炭烤过后的章鱼取其章鱼脚卷曲的圆形铺排于炖饭上。

3 取适量切成细丁的综合腌制彩椒放在圆形面的左上方，搭配食用同时做缀色。

4 最后把红椒蒜味橄榄油滴管插在炖饭中，并取红色辣椒粉，对角铺撒于盘面上。

材料｜章鱼、墨鱼酱汁、意大利米、综合腌制彩椒、大蒜、高汤等

做法｜意大利米加入大蒜、高汤与墨鱼酱汁拌煮。章鱼以低温烹煮四小时至软化后，炭烤至表皮酥脆后放置一旁待摆盘使用。再将综合腌制彩椒切丁作为装饰与提味用。

棕色的圆盘看似暗沉，但是与金黄色的南瓜与咖哩却正
好形成强烈对比，增加视觉趣味。而圆形的盘和圆形的
南瓜也互相呼应，辐射放置的叶片看似自圆盘发射出光
芒，更添视觉上的趣味感！

咖哩南瓜牛肉 Plating Idea 1

棕色圆盘突显南瓜咖哩鲜艳色泽

摆盘方法

1 将南瓜盅放置于棕色圆盘中央，取四片芭蕉叶各自折叠，尖角朝外，放置于南瓜旁上、下、左、右四个方向。

2 将咖哩南瓜牛肉盛入南瓜盅内。

3 放上两根香茅，增加视觉高度与亮点，放置薄荷叶装饰。

4 最后于咖哩南瓜牛肉上放置辣椒雕花装饰，强烈抢眼的颜色跳脱出棕色的盘面。

餐具哪里买│IKEA

材料│牛肉、南瓜、咖哩、薄荷叶、柠檬叶等

做法│先将南瓜蒸 25 分钟，蒸好的南瓜放至稍凉，将南瓜中间挖空作为盛器，挖出的瓜肉则拌入牛肉和咖哩增加料理的口感层次。牛肉先切成条状，炖软之后再拌进咖哩一起拌炒，最后一同熬煮后再起锅。佐料部分也可添加薄荷叶及柠檬叶作为提味。

摆盘秘诀…

香茅可谓是泰国料理的重要角色，除了料理入菜之外，在摆盘装点上如果花些心思，也可以起画龙点睛的作用。

咖哩南瓜牛肉 Plating Idea 2

食材作为食器，妙用色彩相呼应

此道咖哩南瓜牛肉使用泰式黄咖哩，在色调及口感上都十分浓郁。选用白色圆盘不仅可以突显金色的鲜艳，圆形的白盘更与圆形的南瓜相映成趣。盘边放置的芭蕉叶与胡萝卜雕花则让摆盘增添几分典雅。

餐具哪里买 ｜ 一般餐具行

摆盘方法

1 先将蒸好的南瓜盅放置于白色圆盘内，偏于一侧。将咖哩南瓜牛肉盛入南瓜盅内，以填满南瓜盅为宜，以显示满盈感。在盘缘放上折叠好的芭蕉叶，再铺上生菜，放上胡萝卜雕花。

2 放置薄荷叶点缀。

3 最后于咖哩南瓜牛肉上放置薄荷叶与红辣椒片，让金黄色的南瓜咖哩牛肉更加鲜艳耀眼。

蒸
Steaming

此道摆盘选用了圆形汤碗，不仅让虾按照本身的形状围成一个圆满的圆形，虾壳本身色泽所呈现出的漂亮橘红色，也和汤碗外的浅绿色形成柔和对比，色彩配置典雅美丽。最后于盘中点缀上高汤中所使用的食材，除了增添盘面色彩以外，也让人对于此道料理的精髓一目了然。

枸杞水沙虾 Plating Idea 1
头尾相连花开团圆

摆盘方法

1. 配合圆盘的形状，将虾的头部朝向盘面中央，虾身紧邻着彼此逐渐堆放成一个圆状。

2. 淋上枸杞汤汁，汤汁的高度稍稍淹过虾本身，虾头与虾尾浸于汤汁中，虾身则露出于汤面之上，显现出虾肉本身的鲜美色彩。

3. 将人参、当归片、枸杞、红枣摆在虾头中央的空隙中，人参稍微捏成球状放在当归片的后方。

4. 枸杞与红枣摆放在当归片的前方，制造色彩的差异，同时也衬托出枸杞与红枣的颜色。

餐具哪里买 | nest 巢 • 家居

材料 | 虾、人参、当归、枸杞、红枣等

做法 | 将人参、当归片、枸杞、红枣熬成高汤，放入虾烫熟之后捞起备用，避免虾肉过熟而老化。

摆盘秘诀…

因此道料理的虾用量多，白色的盘面能让此道料理的颜色单纯化，外部浅绿色的盘身则能让整体料理增添清爽的感觉，配合此道料理的口感，清淡而温润。

241

枸杞水沙虾　Plating Idea 2

虾头朝前食方于前

摆盘秘诀…

此道料理中所使用的虾每只大小都一致，因此在摆放时要尽量工整，虾头的方向统一朝向上方，并在堆叠时整齐放置，减少凌乱的感觉，即可增加摆盘的视觉美感。

此次摆盘选用了较少出现的蛋形砵碗，此类的食器通常适合拿来放置汤汁类的料理，因其本身具有凹陷的部分可以盛放汤汁，也能让食材露出于汤面之上，让整道摆盘看起来不会太过单调。此次在摆盘时，将虾的头部皆朝向盘身较高处，能够让整道摆盘有一种顺势而下的感觉。

摆盘方法

1　将虾的头部朝前，分成三排左右，堆叠于盘面凹陷处，尾巴可选定一个方向统一摆放，此次摆盘选择将虾尾的部分统一朝向左方摆放，尽量使其看起来工整、不凌乱。

2　将人参、当归片、枸杞、红枣叠放在虾的后方一角，人参稍微捏成球状可不显散乱。

3　最后淋上枸杞汤汁，汤汁不必淹过全部的虾，让虾半浸在汤汁当中，能显得更加美味。

材料｜鳕鱼、豆酥、青葱等

做法｜鳕鱼清蒸，再将豆酥炒香，青葱切丝或葱花即可。口味稍重者，亦可切辣椒丝相佐，好吃又好看。

豆酥鳕鱼　Plating Idea 1

并置摆放，
抢眼色彩相做伴

使用大型的圆盘可直接将鳕鱼及豆酥分区放置，再放上青翠的葱丝和鲜红的辣椒丝，透过食材的并置摆放，平易近人的中餐料理也可呈现出西式餐点的简约风味。

摆盘方法

1　将蒸好的鳕鱼切成两段，略微相叠堆高。
2　鳕鱼旁的盘面空缺铺填炒好的豆酥。
3　沿着盘缘让豆酥铺撒出半圆形的弧度。
4　最后带入不同色彩，摆入葱丝及辣椒丝，并置不同色彩。

豆酥鳕鱼　Plating Idea 2

小面积的铺陈法

面积小的圆盘，不宜做复杂的摆盘。在此加入大面积的豆酥铺陈，运用堆叠的方式，简单放上一块方正切块的鳕鱼，以葱花点缀，即显得大方。

摆盘方法

1　将炒好的豆酥铺满圆盘，铺设时的厚度需平均。
2　将清蒸好的鳕鱼，置中摆在铺设好的豆酥上。
3　最后在鳕鱼上放置一点葱丝，带出视觉焦点。

餐具哪里买 | JIA Inc.

不规则形状的盘子虽然很少见，但只要运用得当，盘子本身就是相当好的盘饰！此次选用的不规则盘子为荷叶形状，可选取三至四个点，作为摆放的基准点，创造出平衡的美感，这是种类各异的点心拼盘推荐的摆盘方法！

珍宝腊肉饭 Plating Idea 1
握寿司手法突显中式料理的精致感

摆盘方法

1 将腊肉米糕用手握成圆球状，大约是半个手掌的大小，摆放在荷叶瓷盘的三个角落，让三份米糕呈现三角形状，彼此之间的距离相等，突出平衡的感觉。

2 将鲑鱼、干贝、鲍鱼放在米糕上，以中式食材呈现日式寿司的意象，创造出令人耳目一新的感觉。

3 在米糕的侧边摆上事先做好的三色蕾丝饼，增添盘面的色彩丰富度，并以蕾丝饼上美丽的花纹装饰较暗的米糕。

4 摆上插上鱼尾草的小洋梨在正中央，最右侧放上插有装饰花草的小瓷器，在瓷器内加入少许干冰，配合日式寿司的概念，增添整道摆盘的禅意。

餐具哪里买│昆庭

摆盘秘诀…

米糕在摆放时要注意位置，彼此之间的距离要相等，形成稳固、平衡的三角形。选用的餐具为不规则的荷叶盘，米糕不可放置于荷叶盘的高处，会有岌岌可危的感觉。

RECIPE

材料│鲑鱼、干贝、酱油、米糕、腊肉等

做法│鲑鱼、干贝切成适当大小备用。鲍鱼以酱油卤熟，米糕加入腊肉事先蒸熟。

珍宝腊肉饭　Plating Idea 2

食材塑形诉说浪漫故事

餐具哪里买 | 昆庭

各种节日常会有特殊摆盘的需要，此道以芦笋贯穿爱心米糕的摆盘方法十分具有西餐的风味，并以糖艺增添梦幻气氛，很适合应用在情人节或结婚纪念日等浪漫的场合。摆盘可选用白色的大型方盘，将白色作为基本底色，造型简单且具有纯净、清爽的感觉！

摆盘方法

1　使用爱心模具将米糕塑形成爱心形状，并以可看见腊肉的那一面为正面朝上摆放于白色餐盘中。

2　将新鲜的芦笋分成两段，斜插在爱心米糕的左右两侧，让米糕形成一个被贯穿的爱心形状。

3　在盘面一侧空白处等距离摆上三片紫苏叶，并于紫苏叶上放上鲍鱼、干贝、鲑鱼三种食材，并淋上对应的酱汁：玫瑰酱、酸黄瓜酱、照烧酱。

4　放上糖艺，并添加干冰，增添梦幻的气氛，为此道浪漫摆盘大大加分。

摆盘秘诀…

糖艺的做法为雪碧加上砂糖，熬煮至浓稠之后，拉至冰块水中拉开线条即可捞起为糖艺，糖艺的线条没有固定的样式，可随摆盘者的心意而改变，是相当好的摆饰。

将食材以放射线状摆放，虾与马铃薯泥球的间隔平均，
三个马铃薯泥球加上三尾虾，呈现放射线状的花瓣形。

鲜虾薯泥球 Plating Idea 1

放射状排列的平衡美感

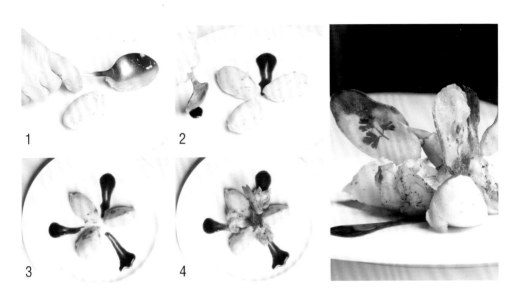

1   2

3   4

摆盘方法

1 马铃薯泥用两个汤匙塑形，捏出三个薯泥球之后，分别摆在盘面的三个点上，于盘面的正中间交会。

2 于薯泥球的空白处滴上虾酱，并以汤匙的背面向中央画线。

3 画盘结束后盘面上会形成六条放射线。

4 于虾酱靠近中央的地方，摆上干煎过后的鲜虾，让虾尾朝上并在盘中交会，集中焦点。最后使用马铃薯装饰花直接插在薯泥球上，方向与薯泥球平行即可，带出对应的立体高度。

餐具哪里买｜IKEA

摆盘秘诀⋯

马铃薯装饰花的做法为将马铃薯切成相当薄的薄片，约莫 0.1 厘米，再将两片马铃薯薄片叠在一起，中间夹上植物（本次选用的是香菜）作为装饰，送入烤箱，烤至边缘出现咖啡色、焦脆即可。

RECIPE

材料｜马铃薯、鲜虾、橄榄油、胡椒、高汤、盐等

做法｜将马铃薯蒸后加工成泥，加入盐调味。鲜虾剥壳之后蘸橄榄油与胡椒直接入锅干煎。高汤加入虾壳，熬煮至咖啡色浓稠状的液体，并散发香味，即成为虾酱。

鲜虾薯泥球 Plating Idea 2

表现趣味意象的盘面情境设计

为了展现鲜虾悠游水中的情境，选择了中央凹陷的长方形白色盘，并以虾酱画上水流般的曲线，营造出流动感。由于虾尾原本就具有微翘的特征，呼应长方形盘的四个翘起边角，也显得更加生动。

餐具哪里买 ｜ IKEA

摆盘方法

1. 于盘面的三个位置，各滴上三大滴虾酱，并以汤匙背面划开成弯曲的线。

2. 把马铃薯泥用两个汤匙塑形，把做出的三个薯泥球分别摆在虾酱曲线上。将虾摆放在马铃薯泥上，虾尾朝上，虾头则分别朝向左、右、左，呈现动态的悠游感，而不是统一朝向某一方向而显得呆板生硬。

3. 摆三片新鲜的山萝卜叶于虾腹上，即告完成。

1

2

XO 酱萝卜糕　Plating Idea 1

小方块巧搭长方形盘，银芽衬底蛋丝吸睛

一般萝卜糕在料理时，尺寸多半大块处理。不过如果有特殊餐具的搭配，尺寸大小的变化就可以变得更加有趣。比如长盘的设计，XO 酱萝卜糕就能切成小方块来呼应。

餐具哪里买｜LEGLE

摆盘方法

1　先将豆芽菜铺于下方打底，再铺上一层韭菜和芹菜。切成方块后煎炸的萝卜糕，排列放置于韭菜和芹菜上。

2　再于萝卜糕上铺一层金黄色蛋丝，作为点缀。在长盘的一端，放上一匙 XO酱，方便蘸食。一旁放置少许豌豆，加入色彩变化。

1

2

这道摆盘同时运用三种小型的餐具，将食材分别摆放。由于食器之间的造型带有差异，在视觉上也呈现出一股看似冲突但又互为整体的趣味。圆碟的盘面较小，又呈圆形，所以萝卜糕特别切为长条状，带出造型差异。摆盘时分量也需注意，控制在小分量为宜，以呈现精致的缤宴情调。

XO 酱萝卜糕 Plating Idea 2
多种餐具巧搭配，食材分装迷你飨宴

1 2

3 4

摆盘方法

1 先将深盘放在浅盘上，将萝卜糕一一放入盘中。

2 萝卜糕排列于圆盘中央。

3 炒好的韭菜与芹菜放置于四角连盘的一侧。

4 豆芽菜与蛋丝则放于四角连盘的另一侧。最后将香菜放置于 XO 酱萝卜糕上，作为点缀。

RECIPE

材料｜XO 酱、白萝卜、黏米浆、玉米粉等

做法｜先将白萝卜洗净，去皮再刨成丝备用。再将玉米粉加入黏米浆中拌匀备用。接着将萝卜丝放入锅中快炒后，加水煮到滚，再将与玉米粉拌匀的黏米浆倒入其中，继续拌煮，直至呈现浓稠状，再另于蒸笼中放好模具，将其倒入蒸约 40 分钟即可制成萝卜糕。取出萝卜糕后可切成长条，再与 XO 酱一起下锅油炸即可。其他配料如韭菜、芹菜、豆芽菜与蛋丝等，则可随个人喜好选择搭配。

餐具哪里买｜八方新气、IKEA

餐具哪里买 | 一般餐具行

芙蓉斑鱼片 **Plating Idea 1**

装盛料理一口吃，宴客派对两相宜

这道料理以墨绿色长盘作为秀台托盘，在上放置五枚似碗又似杯的小型餐具做搭配，雪白的斑鱼片和蛋豆腐同色放置，再放上青绿色的花椰菜和红色枸杞，淋上菠菜酱汁，呈现一派田园风光。

摆盘方法

1. 先将五枚小碗以立姿放进盘中。再于五枚小碗中放上方形蛋豆腐。
2. 将蒸熟的斑鱼片一一叠放在方形蛋豆腐之上。
3. 在斑鱼片和蛋豆腐旁放置绿花椰菜，加入红色枸杞，并淋上菠菜酱汁，烘托出斑鱼片和蛋豆腐的雪白和鲜嫩。
4. 放置山萝卜叶做点缀。

材料 | 龙胆石斑、蛋豆腐、菠菜酱汁、枸杞等

做法 | 选用顶级龙胆石斑，切片后放入蒸笼，蒸3分钟后即可取出。搭配蛋豆腐装盛摆盘，淋上菠菜酱汁，撒上枸杞。

芙蓉斑鱼片 Plating 2

特殊旋涡花盘，鱼片鲜嫩绽放

呼应有着旋涡造型的白瓷圆盘，芙蓉斑鱼片摆放成绽放的花朵形状，呈现出水芙蓉的意境。

餐具哪里买｜一般餐具行

摆盘方法

1 于盘面放置方形蛋豆腐，以花瓣放射状排列摆放。并以绿花椰菜补满中央的空白，如绿色花蕊。再于每一片蛋豆腐上，放置蒸熟的斑鱼片。

2 将菠菜酱汁徐徐淋洒于斑鱼片和蛋豆腐上，使其自然流淌于盘面。最后于每片斑鱼片和蛋豆腐上放上一鲜红枸杞作为点缀。

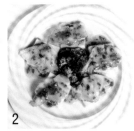

古法麒麟蒸红条 Plating Idea 1

青笋红椒嵌卷青葱，开胃亮眼

3

餐具哪里买 | 皇家哥本哈根
手绘名瓷

中菜鱼料理和绘上精致花草的盘面呈现出古典感觉，为避免使用全鱼视觉上显得过于满盈，以鱼肉卷的方式处理，并以葱白来烘托鱼肉的白嫩，辣椒的红提示红鱼的色泽。

摆盘方法

1 先将卷好芦笋、花菇、火腿的鱼肉卷，排列在盘中。将蒸熟的鱼头及鱼尾，放于鱼肉卷的两侧，鱼尾朝外，鱼头朝上，以呈现出"鱼跃龙门"的跳跃意象。

2 于两鱼肉卷间，再放上以辣椒切成的空圈束起的葱白，作为搭配点缀。

3 最后再淋洒上以蔬果汁及高汤、鱼露搭配调制的酱汁即可。

1

2

RECIPE

材料 | 红条鱼、芦笋、火腿、花菇、蔬果汁、高汤、鱼露等
做法 | 将红条鱼头尾切开，鱼肉卷上芦笋、花菇、火腿蒸熟。以蔬果汁及高汤、鱼露调制成酱汁。

古法麒麟蒸红条　Plating Idea 2

荷叶包鱼摆饰，清香兼具

本料理摆盘特别以荷叶包覆后再以蒸法处理，以取荷叶袭人香气。所以在摆盘设计时荷叶也可直接铺底，色香味俱全，一举数得。在餐厅上菜时多半会将荷叶包覆的蒸菜原形上桌，再于宾客面前现场掀开，以维持香气与热度。

餐具哪里买 | LEGLE

摆盘方法

1　将荷叶包覆的古法麒麟蒸红条直接放于盘中，将荷叶掀开后，可略微整理鱼肉上的食材，包括花菇、姜片、火腿，使其排列整齐。

2　将炒好的甜菜排列放于红条鱼一侧。

3　在鱼头及鱼尾两端，分别放上辣椒丝与葱丝，作为点缀与佐料搭配。

4　最后再淋上以蔬果汁及高汤、鱼露调制而成的酱汁即可。

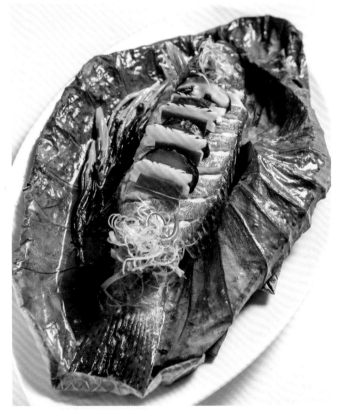

灰釉色的圆盘，摆盘搭配特地使用正方形的金箔，不仅让构图上有所对应，金黄的色调更增加了神秘而又显尊贵的东方气质。

海胆蒸蛋佐黄柠柚白酒泡沫 Plating **1** Idea

方圆造型突显东方美感

摆盘方法

1　将海胆蒸蛋装盛于灰釉铁斑盘内，留意表面的平整光滑。

2　将预先打好的白酒泡沫，以波浪状铺于海胆蒸蛋上，特别注意，需留下约莫 1/3 的海胆蒸蛋面不铺白酒泡沫。

3　将鱼子酱放置于白酒泡沫之上，再将金箔放置于白酒泡沫与海胆蒸蛋的边缘处。最后撒上些许辣椒粉、虾夷葱，再淋上橄榄油作为点缀。由于餐具盘面较大，佐料的设计在颜色上也可以比较缤纷。

餐具哪里买｜mad L

RECIPE

材料｜海胆、鸡蛋、蔬菜高汤、柠檬、柚子、白酒等

做法｜将蛋液打匀搅拌，加入捣碎的海胆，再加入蔬菜高汤一起调和，最后以适当容器盛装后蒸熟备用。再取柠檬和柚子挤出些许汁液，加上白酒一起快速搅拌打成泡沫状，即可完成，也可将白菜煮熟打成泥搭配使用。

海胆蒸蛋佐黄柠柚白酒泡沫　Plating Idea 2

白酒泡沫小池中的满盈美味

使用小尺寸的瓷碗装盛这道海胆蒸蛋更显精致可爱。浇淋上黄柠柚子白酒泡沫之后，更让料理拥有满盈感。料理本身就带有黄色的温暖意象，搭配黄色的小碗食器，与最后点缀其上的金箔，在未开动前，视觉便已经饱餐一顿。

餐具哪里买 ｜ nest 巢・家居

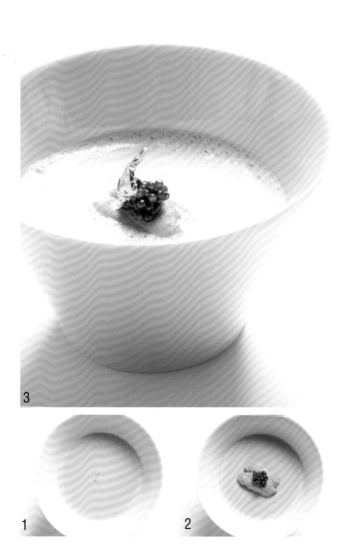

摆盘方法

1　将海胆蒸蛋盛装于白色的瓷碗内，注意表面的平整光滑。

2　在海胆蒸蛋上再放置两小匙的海胆和鱼子酱，不但提味，更增加视觉亮点。

3　将黄柠柚子白酒打出的泡沫，小心地以汤匙舀取，铺满海胆蒸蛋的表面，并注意需包围海胆及鱼子酱。最后在海胆及鱼子酱上放上一小片金箔，呼应料理与食器的色彩。

冷盘
Cold dishes

此道菜命名为手卷，赋予了有趣的 DIY 概念，选用了
S 形造型盘，将手卷内的各种材料摆放在盘上，包含黄、
绿、红三色的食材，让人在视觉上感到丰富、饱满。顾及
食材各味道的呈现，选取味道较浅至味道较重的食材，并
在最后放上海苔片，营造出视觉的终点。

极海鲜手卷　Plating Idea 1
动态摆设勾起食欲的流动之河

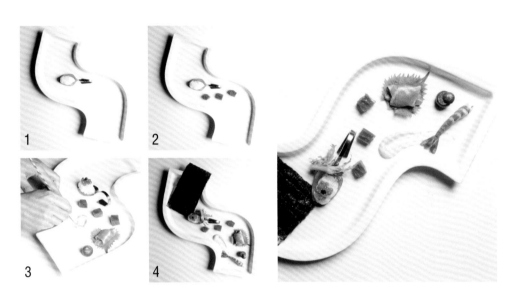

摆盘方法

1　先将醋饭捏好放置到造型汤匙上，将其放置在盘子左边 1/3 处。

2　将鲔鱼切成三个小方块，直线排列于盘面中间位置。

3　再于醋饭上加上鲑鱼卵、鱼子酱，营造层次感。摆入新鲜的紫苏叶片，把卷起来的鲑鱼放在上面。前面放上一颗剖开后错开放的小金橘，鲑鱼的下方用汤匙将明太子酱拉开画盘。

4　在盘子的最右边放上虾，盘面的左侧压放海苔片，因为海苔片的体积最大，透过大小对比，主食即被突显！

餐具哪里买｜特别订制

摆盘秘诀…

顺着食用顺序的摆盘原则，可顾及料理品尝的直接感受，配上可促进食欲的三色食材：黄、绿、红，更是一道漂亮的摆盘！

材料｜鲔鱼、鲑鱼、醋饭等

做法｜将鲔鱼、鲑鱼等新鲜鱼肉切片，并备好醋饭进行搭配。

极海鲜手卷　Plating Idea 2
水波盘面上的鱼虾乐游

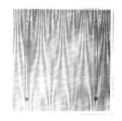

餐具哪里买 | EGIZIA

此件特殊波纹的玻璃盘，有着沁凉通透的新鲜感。搭配各种海鲜食材的散置布局，仿如一幅水中风景，各色鱼虾在石头、海藻间悠游嬉戏。

摆盘方法

1. 先将醋饭放置于汤匙上，将其放置于盘子中间。

2. 把鲔鱼切成丁状，维持松散的距离，摆放在盘子的三个角落，并在中间的空隙摆放鲑鱼和草虾。

3. 在醋饭上摆入鲑鱼卵、鱼子酱、堆叠出高度，确立摆盘的焦点。

4. 以汤匙抹上明太子酱，最后在最上方的角落，摆上一片海苔片，并使其超出盘子的边缘，放上一颗剖开后错开放的小金橘，不仅引导食客视觉，更能让人快速理解料理的食用方式。

摆盘秘诀…

像这一类四方形的盘子，要特别注意在摆放时不宜太过凌乱，最好能够先选取三至四个顶点的位置摆放食材，才能让食材不会有随意散落的感觉，并且中间可堆叠较高，创造出视觉焦点。

八味鱼生　Plating Idea 1

食器造型营造独特生鱼片摆盘

生鱼片通常会搭配芥末或者酱油，但在此道料理中，却搭配中式照烧酱，因此可以选用白色带有三角形凹陷的瓷器，将酱汁淋在生鱼片上。

餐具哪里买｜昆庭

摆盘方法

1　在盘子的凹陷处摆上鲑鱼片。顺着凹陷，用照烧酱带上一笔装饰线条。在线条上摆放上薄荷叶、胡椒粒、葡萄与切片番茄等。以小巧的水果做点缀即可，可将果子堆叠起来，显得小巧利落。

2　在鲑鱼片上淋上照烧酱。在果子的盘面对称之处，摆上稍微堆叠的鱼子酱，让两样配菜互相呼应，衬托中间的主体。

摆盘秘诀…

此道料理搭配的酱汁为中式照烧酱，因此在切鲑鱼片时可稍微切厚一些，与日本的生鱼片料理有所区别，也让摆盘的整体造型增加中式料理的风格。

1

2

RECIPE

材料｜鲑鱼等

做法｜将鲑鱼切成薄片，以火枪略微烧烤，将鲑鱼本身的油脂逼出表面，并略带香气。

八味鱼生 Plating Idea 2

妙用食器搭配，营造惊喜情境

生鱼片是一口一个的料理，因此选用摆饰汤匙作为生鱼片的底座，再置放在作为托盘使用的白色长方形餐盘上，增加空间美感以及画盘的余裕。使用简单的小道具牙签来画盘，勾勒出绝佳美感的爱心图案！

餐具哪里买 | 昆庭

摆盘方法

1. 在长盘纵向两侧，以蔓越莓酱汁滴上圆点，并在圆点中滴入白巧克力，形成两个点重叠的图样。使用牙签将两圆点的中心线拉至下方，形成一串漂亮的爱心图案。

2. 将汤匙向内对称摆放在白色长盘两侧，鲑鱼放入汤匙。

3. 在鲑鱼上加上饰叶，在白色长盘空白处，撒入装饰叶片，填补盘面的空洞，但记得保持一些留白的美感。

摆盘秘诀…

牙签也可当作画盘工具，想画出比较粗一点的线条，可将牙签折半，用较粗的部位画出线条；牙签的尖端则可画出细一点的线条。

隔墙有耳是一道菜名与摆盘方法互相呼应的料理，蕴含的意思非常有趣，以白色玻璃杯罩住凉拌木耳，象征隔墙有耳的"墙"，打开玻璃杯之后浅尝一口凉拌木耳，则能感受到耳目一新的劲辣感。

隔墙有耳 Plating Idea 1

杯子变身透明罩，蕴含成语意境

摆盘方法

1 选用中央凹陷，两旁略高并略带线条的白色盘子，为了避免盘面感觉过于单调，在右侧的盘面画上线条，加入色彩装饰。

2 将凉拌木耳放在中央凹陷处，填入木耳的时候不必完全塞满空隙，可留一些空间，让整道菜看起来较为清爽，并稍微将木耳堆叠起来。

3 在木耳上摆放百香果叶片，带入绿色的装饰，增添盘面的自然清爽感。最后在食器中央的凹陷处盖上透明的玻璃杯。

4 表达出隔墙有耳的摆盘意象。

餐具哪里买｜昆庭

材料｜木耳、芥末油、葱花等

做法｜将木耳烫熟之后，凉拌芥末油与葱花等即可食用。

隔墙有耳　Plating Idea2

凝聚倾倒瞬间的美丽画面

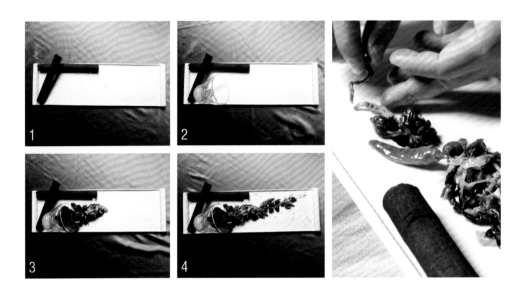

料理的摆盘变化，除了美丽的设计，也可加入趣味与情境的想象。黄总监运用巧思，在盘面上摆上了一个翻倒的高脚杯，展现翻倒时那一瞬间的画面，并让食材从玻璃杯中翻覆至底下的白色盘面上，呈现动态的美感。

摆盘方法

1. 于盘面的最左侧摆上两根交叉的肉桂棒，让肉桂的香气、颜色、材质带出一种中国传统古风的味道。

2. 将杯子以杯口朝右的方式，摆放在盘面的左半部，呈现杯子翻倒的动态美感。

3. 将凉拌的木耳放在杯口，并堆叠出一点高度，从杯内到杯外，延伸出由高到低的坡度，营造倾倒的感觉。

4. 在木耳右侧摆上中国辛香料，例如八角、辣椒、花椒、草果等，并撒上迷迭香，增加香气。利用香料营造摆盘的中国古风味。

餐具哪里买 | 昆庭

川椒皮蛋豆腐　Plating Idea 1

雪白豆腐映衬多彩放射配菜

餐具哪里买 | JIA Inc.

"川椒皮蛋豆腐"由于配菜多元，因此可使用面积大的圆盘，广泛地纳入多样的色彩元素。排列时采取花瓣放射状的摆盘，鲜艳抢眼随即跳出，瞬间激起食欲！

摆盘方法

1 先将小黄瓜在圆盘上部依序排列成花瓣放射状，将腌泡椒切片叠放于小黄瓜之上。

2 在盘中央放置豆腐块，再依序排列皮蛋切片于圆盘下方，呈半弧放射状。

3 最后放置葱丝在豆腐上，并淋上酱油膏，增添食物的光泽质感！

材料 | 豆腐、腌泡椒、小黄瓜、酱油膏等

做法 | 将小黄瓜斜切成椭圆片状，再将腌泡椒切成片状。豆腐切成方块。酱料调制可用坊间的蒜泥酱油膏，再加上少许腌泡椒时的清水中和咸味即可食用。

川椒皮蛋豆腐　Plating Idea 2

解构料理成分，并置展示原味

因应食器的空间也可以把料理的配菜拆解分离，让色彩与材质同时呈现，不仅可以有效运用食器的空间，四种食材的分开摆放，也让观看的视点变得更为多元！

餐具哪里买 | 八方新气

摆盘方法

1　先将豆腐切成长条状，皮蛋直接对切剖半，葱切丝、腌泡椒切片后根据个人喜好折叠成不同形状，分别放置于四联盘中即可。

2　在豆腐上淋上酱油膏。

摆盘秘诀…

需要特别注意的是，由于餐具本身造型精巧，可放置的食材分量不多，所以设计上以"精巧而便于食用"的想法出发，豆腐切成细小的长条状，以方便挟食取用。

由于冻派本身已有带有多样色彩，因此摆盘时切勿再勾勒过分花哨的设计使焦点过于纷乱。在此摆盘示范中即选用了带有银边的圆餐盘，细腻提升料理的精致感，将摆盘视为艺术创作般经营，摆在盘上仿佛一幅描绘季节的美丽水彩画。

扇贝明虾什锦豆仁冻派 Plating Idea 1

鸡汤冻凝结食材原色，引导视觉焦点

摆盘方法

1 先将切片的冻派平铺于盘面的中央，将颜色较深的绿色面朝下。取巴萨米克黑醋在冻派的上下各画下一条比冻派长的直线。沿着黑醋上方以青酱再绘一条等长的直线，并刻意留下间断的自然感。

2 定好间距后再取三颗红胡椒粒平均放置在冻派上方线上，深红色小巧地呈现出精致亮点。

3 在冻派下方线上取三片香叶芹，直线对齐着红胡椒粒摆放，最后再将粉红色颗粒状的洛神盐轻撒于切面的明虾上即完成。

餐具哪里买 | Wedgwood

材料 | 皇帝豆、甜豆仁、明虾、扇贝、小卷、鸡汁等

做法 | 先将少许鸡汁倒入容器，待鸡汁冻凝结后一层一层反复浇淋与铺上皇帝豆、甜豆仁、明虾、扇贝、小卷等，当鸡汁结冻成完整的块状时，再以刀子切约两厘米的厚度，从侧面便可看见层层分明的食材原貌。

扇贝明虾什锦豆仁冻派　Plating Idea 2
缤纷色系衬黑底，强烈对比更吸睛

餐具哪里买 ｜ IKEA

在此道料理中有白色、绿色与红色等明快的亮彩，因此选择对比的黑亮圆盘彰显食材讨喜、活泼的调性。并以圆中圆的方式巧妙地包围出方形的主角，更在鲜奶油上方缀以精致的食材，布局出现代且时尚的摆盘新式。

摆盘方法

1　先将冻派铺放在黑色圆盘正中央。

2　将粉红色的洛神鲜奶油与乳白色的松露鲜奶油，分别放在挤压袋中交错挤压于冻派的周围，形成一个似圆圈的框架。

3　用夹子小心地将紫菜芽的尖端插入鲜奶油的上方，犹如直立的小叶片一般。再将绿色的白菜芽，一片一片覆盖于鲜奶油上方，与冻派内的绿色豆类呼应。

4　最后一个步骤则把鲑鱼卵间隔地点缀于鲜奶油上，橘红色鲑鱼卵在黑色的盘面中显得更为亮眼，此道料理摆盘也大功告成！

摆盘秘诀⋯

在鲜奶油挤压以及摆放配菜时切记交错陈列，才得以使整体摆盘画面更符合缤纷的主题性。

RECIPE

材料｜花枝、虾仁、兰花蚌、蛤蜊、小番茄、小黄瓜、芹菜、洋葱、辣椒、柠檬汁、香菜、红辣椒、蒜、糖等

做法｜先将花枝、虾仁、兰花蚌、蛤蜊洗净后以沸水汆烫备用。接下来以柠檬汁、香菜、红辣椒、蒜、糖等一同搅拌制作酱汁。将所有汆烫海鲜盛出，放入小番茄块、小黄瓜切片、芹菜丝、洋葱丝、辣椒丝等配料，与酱汁一同搅拌，即可完成。

酸辣拌海鲜 Plating Idea **1**
翠绿圆碗沁凉意

料理本身带有酱汁，适合使用带有深度的圆碗，圆碗虽然方便宾客们以汤匙直接取用，但在圆碗中还可以透过生菜与辣椒进行堆高，增加立体高度，让料理显得比较有精神！

<u>摆盘方法</u>

1　把氽烫的蛤蜊放在碗底，当作基底。
2　逐步堆叠拌海鲜食材，可交错摆放制造高度与色彩变化。
3　放置辣椒花、生菜、香菜点缀。
4　最后可修整食材的高低位置，确立造型与色彩后，即大功告成！

酸辣拌海鲜 Plating Idea **2**
薄荷叶摆盘对比吸睛

摆盘时同样考量食器的深度，可将食材堆高后再浇淋下酱汁。但方形盘整体摆盘感觉比较锐利，可在对角线放置薄荷叶引导视觉变化。

<u>摆盘方法</u>

1　将氽烫后的蛤蜊，集中堆放于方盘的一角。
2　在蛤蜊上方堆叠拌海鲜的各种食材。
3　在方盘的对角留白处，放置胡萝卜丝、薄荷叶与紫高丽菜点缀。
4　最后在食材最高点放置洋葱丝与辣椒丝，加入不同的材质引导视觉。

餐具哪里买|一般餐具行

餐具哪里买|mad L

摆盘秘诀…

凉拌海鲜时记得蛤蜊留待最后摆盘时，直接放于盘底，不与食材一起搅拌。因为蛤蜊在搅拌过程中容易掉出蛤蜊肉而仅剩空壳，不如直接置于盘底接承酱汁，反而最能兼顾口感与美味。

Olivier 主厨表示，这件摆盘作品的灵感，来自一个女
孩。摆放成花朵造型的章鱼薄片，不仅展现出可爱的视
觉效果，更蕴含了浪漫的故事元素与浓厚的感性情意。
红橙绿白交错的摆盘设计，也象征了美丽与青春的绽
放，透过此件摆盘的设计，我们也感到了 Olivier 主厨
把对美好事物的喜爱，投注于料理中的热情。

章鱼薄片佐鲑鱼卵及柠檬油醋

Plating Idea 1

浪漫故事情境的花朵造型设计

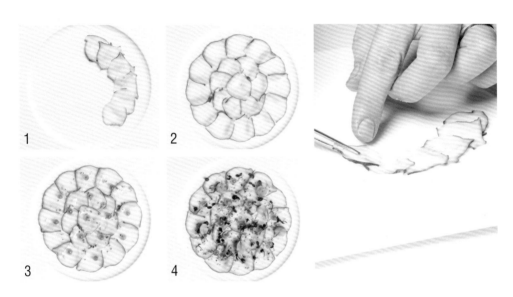

摆盘方法

1 将切片后的章鱼薄片，由外向内，依照盘面的圆形区域，逐步堆砌成一个类似花朵状的造型。

2 在堆砌薄片时，采取了上下覆盖的方式，而这也制造出绵密且多层次的视觉感受。

3 在花朵造型的章鱼薄片上刷上一层柠檬油醋后，在每片薄片的中央，错落地摆放上鲑鱼卵，撒上虾夷葱末。

4 最后撒上红椒粉并细心均衡地摆放酸膜等，不仅当作配菜，也为盘中增添了缤纷的气息。

餐具哪里买 | Bernardaud

RECIPE

材料 | 章鱼、柠檬油醋、鲑鱼卵、虾夷葱、红椒粉、酸膜等

做法 | 将章鱼切成铜板般大小的薄片，并覆盖上柠檬油醋、鲑鱼卵、酸膜、虾夷葱末、红椒粉等配料。在微妙的口感中，又能透出海鲜的清鲜与爽朗，是一道色彩缤纷口感丰富的开胃前菜。

章鱼薄片佐鲑鱼卵及柠檬油醋　Plating Idea 2
纵列层次呼应食器纹理

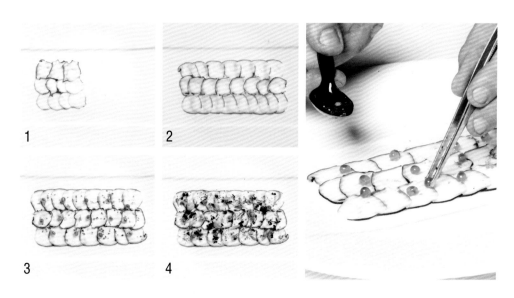

1
2
3
4

餐具哪里买 ｜ Bernardaud

此摆盘选用了一个中央有道长条凹陷的圆盘，由于章鱼薄片具有上下前后的层次叠盖，因此在造型上也像极了左右交替回荡的海浪意象。整体摆盘在精致中却又表现得大方简单。除了圆盘的中间区域装盛了章鱼薄片，盘面的上下区域，基本上是留白的方式呈现。由于料理本身已具有丰富的色彩，因此主厨也不再多做画盘等其他缀饰。

摆盘方法

1　将切片后的章鱼薄片，以横向的造型进行排列，在圆盘中央排列出三道横向的薄片层次。

2　在堆砌薄片时，同样使用覆盖的方式，薄片与薄片之间互有高低叠盖，制造出浪花般的前后起伏。

3　接着在章鱼薄片上刷上一层柠檬油醋，错落地摆放鲑鱼卵，撒上虾夷葱末。

4　最后加入红椒粉与酸膜等，摆盘即告完成。

材料│佛卡夏面包、烟熏鲑鱼、酸奶、酸豆、腌渍洋葱、橄榄油等

做法│将现成的佛卡夏面包刷上一层橄榄油，放进烤箱烘烤出酥脆焦面。再把烟熏鲑鱼切成等大的薄片，并把洋葱与红洋葱一同腌渍成紫色，与酸奶、酸豆一同摆盘。

烟熏鲑鱼佛卡夏三明治
巧手折出波浪感　Plating Idea 1

烟熏鲑鱼本身带有鲜明的橙色，可用纯白瓷器形成明快轻爽的色彩对比。将三明治做成欧美较常见的露馅的开放式（Open-faced），方便女性优雅地以刀叉食用。由于食材直接呈现，因此要谨记保持干净与一致性，提升料理美感。

摆盘方法

1　在烘烤过的佛卡夏面包焦面涂上一层酸奶。两块面包上各放上三块烟熏鲑鱼，片片交叠处用手做出折痕，制造波浪状的效果。

2　将腌渍过的紫色洋葱散放于烟熏鲑鱼上方，并加入适量酸豆。最后可摆放柠檬切片，并在鲑鱼片上浇淋上少许橄榄油增加光泽。

烟熏鲑鱼佛卡夏三明治
木盘营造乡村风　Plating Idea 2

选择一块长方形木板，将食材放上，让摆盘加入木头的质感与纹路，诠释出居家温润的乡村风情！

摆盘方法

1　将烟熏鲑鱼稍微折出弧度，围绕出优雅花朵的形状。

2　取腌渍过的洋葱均匀地摆放在鲑鱼肉上，并适量点缀酸豆。

3　让两块佛卡夏面包交错堆叠呈现出立体感。

餐具哪里买｜
皇家哥本哈根手绘名瓷

餐具哪里买｜IKEA

白色的食器可以简单展现出优雅的感觉，而这个白碗有浅纹勾勒出的条状，在造型上显得秀气典雅。摆盘的设计呼应碗状的圆形及条状的放射，将干贝薄片铺叠成为一个大圆，整体就像是一朵绽放的鲜花一样美丽，而切成薄片的干贝清澄透亮，搭配松露条和香草更是艳丽逼人。

干贝薄片松露蛋碎　Plating Idea 1

清澄花瓣绽放，晶白摆盘立显雅致

1　　　　2　　　　3

摆盘方法

1　先将圆形的干贝薄片，一片一片相叠，排列成一个圆形图案，像花朵般集中叠放于碗中。

2　在干贝薄片上涂上薄薄一层柠檬油醋，再均匀地撒上蛋白、蛋黄碎末，以及虾夷葱末。

3　撒上细海盐提味，并加入条状的松露丝，整体摆盘因此带出更为深层的造型趣味。最后搭配翠绿的香草，增加摆盘的清新与宁静气氛，成品宛如一朵绽放而内里交错的素雅花束。

餐具哪里买｜日本・白山陶器

RECIPE

材料｜干贝、松露丝、鸡蛋等

做法｜干贝可直接生食，所以这道料理可以直接在干贝半退冰的状态下切成薄片，再将煮熟的蛋白及蛋黄剁碎，与松露丝搭配即可。干贝本身口感即具海鲜的甘甜，鸡蛋和松露的口感更是极为合适。

干贝薄片松露蛋碎　Plating Idea 2

悠然错落的细部宁静氛围

这组长方形餐具是来自日本滋贺县的信乐烧，整体感觉古朴而又温暖雅致。而在摆盘的设计上，由于餐具已经是长方形，所以在黑松露的使用上可以舍弃松露丝，而以大片的松露片来呈现，感觉会较为立体。

3

餐具哪里买｜日本滋贺县·信乐烧

摆盘方法

1　以叠放的方式，类似阶梯般的设计，层序铺叠干贝薄片。

2　保留长盘上下左右的空间，在干贝薄片上铺撒蛋白与蛋黄碎末，体现材质的丰富变化。将柠檬油醋以挥洒方式洒淋其上，营造不规则与凌乱感，并撒上切碎的虾夷葱。

3　均匀地撒上细海盐，并细心地将松露片以略微站立的方式放置并放上香草点缀；在纷乱的场景中，营造局部小风景的静谧与平静。

1

2

鲍鱼薄造

日本浅盘超雅致，鲍鱼堆高现清爽

餐具哪里买｜特别订制

这道白瓷餐具造型特殊，外方内圆，摆盘也不必太过复杂，以餐具本身为主角即可，而且盘中的圆形区域空间有限，故设计的重点放在堆高主食材，使其成为最大亮点。

摆盘步骤

1　将大番茄洗净对切，将横切面朝向上方。将洗净的绿蕨及红蕨置放于大番茄的一侧。浇淋卤汁。

2　将鲍鱼切为薄片，以扇状铺在大番茄上。

1

2

材料｜鲍鱼、清酒、糖等

做法｜鲍鱼先以清酒、糖及各式调味料卤过，清酒的作用在于可使鲍鱼更为软嫩弹牙。完成后可热食，亦可放至冰箱冷藏，随时皆可拿出来切片或以其他方式料理食用，再搭配适当的配菜与摆盘，即是一道宴客佳肴。

蝴蝶碗，正如其名有着宛如蝴蝶飞舞般的优雅造型，温润的清浅色系搭配柔和线条，让透露着质朴韵味的木碗完美衬托鲑鱼卵丼饭的精致感。由于此碗面较大，不宜填装过满，且尽可能将食材集中并向上堆叠出层次感。

鲑鱼卵丼饭 Plating Idea **1**

圆弧造型木碗，掌控食器装盛比例

摆盘方法

1 先将醋饭以圆形造型装填于碗内底端约 1/4 处，再用汤匙将鲑鱼卵完全覆盖在醋饭上，使其顺着醋饭的塑形呈现出弧面。

2 取适量的海苔丝放置于鲑鱼卵顶端，切勿让其松散而破坏画面美观。

3 把新鲜山葵依序向上堆叠。

4 刨上香气十足的新鲜柚子细末，在深色的海苔丝衬托下，使橘红色的鲑鱼卵与黄绿色配料有了完美呼应。

餐具哪里买 | Prime Collection

材料 | 醋饭、鲑鱼卵、山葵、酱汁、柚子等

做法 | 选用日本顶级的鲑鱼卵，用酱汁简单调味带出鲑鱼卵之甘甜，搭配调配而成的醋饭，以及特选的阿里山新鲜山葵、香气十足的柚子细末，增添食用时的口感与香气。

鲑鱼卵丼饭 Plating Idea 2

清酒杯当容器，金箔反射鱼卵色泽

餐具哪里买 | Prime Collection

用日本产的榉木制成的清酒杯，作为盛装鲑鱼卵丼饭的容器，透过其天然的木纹纹理以及纯金箔的色泽，衬托出鲑鱼卵的美丽色泽，当整个诱人的鲑鱼卵平铺满杯面时，呈现出全然不同的视觉感受。

摆盘方法

1 把醋饭填装于清酒杯内约八分满处。用汤匙将鲑鱼卵完全平铺于杯面。

2 用手将海苔丝以聚集方式放在鲑鱼卵的正中央。

3 最后再以筷子仔细地将一团小的新鲜山葵堆叠在海苔丝上。

4 利用黄色的柚子细末，与容器内面的金箔做出金黄色的巧妙呼应。

摆盘秘诀⋯

当选择较小尺寸的杯碗作为盛装丼饭的容器时，可反向思考地将整个面填满，利用食材本身的颜色去堆叠出似精品般奢华尊贵的料理摆盘。

黑麻风味鳕鱼肝 _{Plating Idea 1}
均衡并列的易食摆盘法

一口食用的餐点适合运用长形食器进行摆盘。只要抓好适当的距离，配合鲜艳颜色的酱汁，便能营造出利落的时尚感觉。

摆盘方法

1 在长盘中放入烤脆的吐司方块，小心保持摆放的距离。

2 在吐司上滴入浓稠的黑麻酱。

3 将鳕鱼肝放置在黑麻酱上方，鳕鱼肝的分量可比黑麻酱稍多一些，强调存在感。

4 摆放捏成小球的洋葱，并在顶点放入少许葱丝。淋上红色的辣油，摆盘即告完成！

材料 | 吐司、鳕鱼肝、洋葱、葱等

做法 | 将吐司烤至酥脆，切成小方块，选用高级鳕鱼肝罐头，洋葱与葱则切成丝。

黑麻风味鳕鱼肝　Plating Idea 2
利用食器造型突显置中食材

此食器因为中央略低，食材不可太过紧靠，摆盘受限于食器本身的造型，分量上较少，但却可以轻松聚焦于摆放进的食材。

摆盘方法

1　在吐司上滴入黑麻酱，让酱汁以圆形的方式在吐司上扩散。
2　将鳕鱼肝摆放至黑麻酱上方。
3　加入洋葱丝与葱丝进行装饰。
4　由左至右淋上红色的辣油，带出视觉的连贯性。

餐具哪里买｜特别订制

状似甜甜圈造型的枫木圆盘，特点在于能够均衡地引导视觉围绕着圆形盘面，因此摆盘时，也很容易呈现出安定与稳定的感觉。虽然整体摆盘的结构稳定，但在摆放生鱼片时，仍要兼顾到色彩的均衡性。此类造型可爱、盘面空间较小的食器设计，也很方便入门者掌握生鱼片的摆盘呈现。

综合生鱼片 Plating Idea 1

环形中空圆盘，呈现出安定与稳定感

摆盘方法

1 先取适量的现刨新鲜萝卜丝，放在掌心挤压成球状，并等间距围绕于盘面上。

2 将切片的两片鲔鱼肉以斜角方式铺盖在其中的一堆萝卜丝上。接下来将金目雕、比目鱼、鲷鱼、软丝等鱼片一一放上。

3 取紫色食用花放在较看不出层次的软丝上方加以点缀，更错开点缀少许绿叶创造出虚实间的差异。

餐具哪里买 | Prime Collection

材料 | 金目雕、比目鱼、鲷鱼、鲔鱼、软丝、萝卜丝、食用花等

做法 | 特选鲜甜丰润的金目雕、爽脆扎实的比目鱼、软中带绵的鲔鱼中腹、脆嫩Q弹的活软丝及鲷鱼等切成大小适中的片状；再将缀色的食用花与清脆现刨的新鲜萝卜丝准备于一旁待摆盘时使用。

综合生鱼片 Plating Idea 2

细节的连续堆砌，纯粹洗练的和风原味

餐具哪里买 | Prime Collection

使用圆形盘碟进行摆盘时，除了并置摆放之外，进阶的摆盘方式，则可采取带有层次变化的堆叠技法。食器采用由结构细致的椴木打造而成的日式餐碟，整体摆盘呈现出舒缓温暖的气氛，在视觉上便减缓了生鱼片的生冷印象。平滑且具有光泽的木制盘面更容易让食客联想到生鱼片的鲜甜口感。摆盘时可将口感绵密 Q 弹的生鱼片层层相叠，并带入绿叶与食用花的色彩变化，衬托出独属日式和风的清雅禅意。

摆盘方法

1. 先将萝卜丝塑造成球状，摆放于圆盘中央偏左处。

2. 取一片完整漂亮的紫苏叶，以斜角方式倚靠在萝卜丝上，制造出视觉层次的深度，之后再加入生鱼片时，也可以衬托出鱼肉的色彩。

3. 将鱼肉双双聚集堆叠成一个向上发展的高度，生鱼片的摆放方向，可做出区隔和层次，取一段食用花排列在白色软丝上。

4. 将小株的绿叶于左下侧稍做点缀，摆盘即告完成。

摆盘秘诀…

铺排生鱼片时，可将软丝或较柔软的鱼片用筷子辅助塑成卷状，摆放时且须注意要让每个食材都能在正面即可尽览。

"马拉加"风味杏仁冷汤
大面留白，冻结唯美气氛

餐具哪里买 | JIA Inc.

用杏仁制作的白色冷汤是西班牙传统的料理之一，极浓稠半凝固的冷汤，似成冻状的特色使其不会轻易摇晃，故可将花瓣、鱼子酱等缤纷色彩装饰在汤品上方。

摆盘方法

1 先将白色的杏仁冷汤倒入汤碗中。

2 以适当距离交错放入玫瑰花瓣、面包丁、鱼子酱、杏仁等装饰配料。

3 切记让装饰配料维持于汤品的表面处。

材料 | 杏仁、松子、特级初榨橄榄油、气泡水、大蒜、玫瑰花瓣、面包丁、鱼子酱等

做法 | 用杏仁、大蒜、橄榄油与气泡水拌匀成液状汤品，并准备色彩丰富的配料，等待摆盘点缀时使用。

点心
Dessert

在此带有宽缘的白色大圆盘上，利用内凹的圆形区块摆放酸奶沙拉，并将水果丁以聚集堆叠的方式做出立体高度。水果丁与酸奶搅拌过后显现出若隐若现的颜色，再将微酸的风干小番茄与蓝莓冷暖两色点缀对应于上，让这道水果酸奶色彩深浅层次分明，缤纷可爱，在口感上也更添变化。

水果酸奶沙拉 Plating Idea 1
堆叠的缤纷水果塔

摆盘方法

1 把与酸奶搅拌过后的水果，用汤匙与手辅助堆叠在圆盘子中央。

2 堆叠成塔状。

3 以夹子夹取未拌酸奶的蓝莓，蓝莓本身同样带有白色的雾面质感，间隔地点缀在水果塔的空隙处。

4 摆放上风干小番茄，最后再摆放上核果，以增加食用的风味与口感，并利用些许薄荷叶使这道摆盘色彩更完美。

餐具哪里买 | LEGLE

材料 | 酸奶、草莓、奇异果、芒果、水梨、苹果等

做法 | 将奇异果、芒果、水梨、苹果削皮并切至约与草莓同样大小后，一同放进盛有乳白色原味酸奶的调理碗中，用汤匙搅拌均匀即可进行摆盘。

摆盘秘诀…

蓝莓刻意不和其他水果一起与酸奶进行搅拌，这是因为要避免全部的水果都包裹上酸奶的色彩，导致整体摆盘无法表现出色彩的差异性。

水果酸奶沙拉 Plating Idea 2

日式釉盘为底，紫绿色豆苗增色

餐具哪里买 | mad L

选用一个带有自然犷感的日式手工粉引灰釉盘，与水果最真实的风味相互呼应，表现出相对温暖也居家的感觉。由于制作方式十分简单，非常适合入门者在家动手做。

摆盘方法

1 将奇异果、芒果、水梨、苹果、蓝莓、风干小番茄及核果放进调理碗与酸奶搅拌均匀。

2 选择一个小型的圆盘，取其温暖的大地色系质感，将水果集中摆放于盘中，且尽量小心别让酸奶沾到盘边。

3 利用手指或汤匙简单整理水果的堆叠，带出高度看起来才会有精神。

4 取适量带有紫色与绿色的芽菜放在水果沙拉的最上面让颜色跳出，层次也更加丰富。

莓果法式吐司　Plating Idea 1

食材延伸视野，对角放大强烈个性

餐具哪里买 │ 特别订制

以直线排列成串状的方式，大胆地打破这个外方内圆白盘的轮廓限制，让甜点顿时充满强烈个性。

摆盘方法

1　用覆盆子果泥酱汁，斜角画出红色线条，搭配吐司食用。在酱汁的左右两端摆放上草莓，并加入蓝莓点缀，丰富盘面色彩。

2　把对切成长条形的法式吐司在盘中交错叠放，增加高度。撒上黑糖粉，斜向与红线交错。

3　加入汤匙挖出的椭圆香草冰淇淋，在盘面中央加入一个鲜明的视觉亮点。

材料 │ 法式吐司、草莓等

做法 │ 把煎烤过的法式吐司对切成两半，并将草莓切成四瓣待摆盘时使用。

莓果法式吐司 Plating Idea 2
鲜红酱汁圈出可口甜点

将水果堆叠于吐司上，最后以酱汁画盘，鲜红色的覆盆子酱汁以环状的方式逐渐加入，在柔美釉面光泽的小陶盘上产生缤纷绚丽的效果，饱满的色彩制造出活泼可口的甜点印象！

餐具哪里买 | nest 巢·家居

摆盘方法

1. 将切半的法式吐司放于盘中。将草莓躺放盖满吐司面。

2. 在草莓的一侧点缀蓝莓。在盘中撒入适量的黑糖粉，提升口感层次，并把冰淇淋放置在吐司旁边。

3. 最后用覆盆子酱汁，从中央向外画出同心圆的图案。

3

摆盘秘诀…

欲在盘中摆放如冰淇淋等易滑动的素材时，可在其摆放的位置底部铺上面包屑或糖粉，增加稳定性，以免食材移动破坏摆盘。

1

2

利用晶莹透亮的特殊淋面质感，把长方形盘的凹陷面当作基底，放上以台湾红心芭乐制作成的矮圆柱形番石榴起士慕斯，娇嫩欲滴的粉红色与果冻状的淋面相互呼应，最后点缀来自南投埔里有机的可食用玫瑰花瓣，充满玫瑰色的浪漫气氛！

番石榴起士慕斯 Plating Idea 1

软胶糖晶莹淋面，流淌出玫瑰色的浪漫气氛

1

2

3

4

摆盘方法

1 将带有玫瑰色彩的淋面倒入盘中凹槽处，使其填满后形成果冻感的晶莹面。由于软糖胶凝固较快，最好趁热时尽快倒入。

2 把番石榴起士慕斯放在长方形的中线偏左处。

3 将橘色的巧克力饰片折断成不规则状的碎片，分别插入慕斯的侧面和正面。

4 最后加入可食用的玫瑰花瓣，再点上透明糖浆模拟出露珠。花瓣的加入不仅使得摆盘色彩更为完整对应，也带来一种浪漫美丽的故事情境。

餐具哪里买｜RAK

RECIPE

材料｜软糖胶、番石榴起士慕斯、食品级银粉等

做法｜先将水、软糖胶以及食品级银粉搅拌成粉红色闪亮淋面。再放上番石榴起士慕斯，制作成一道粉嫩诱人的甜点。

摆盘秘诀…

若无法取得可食用的有机玫瑰花瓣，入门者在家亦可自制巧克力球替代点缀。

番石榴起士慕斯　Plating Idea 2

画出摆盘界线，留白聚焦的盘饰点心

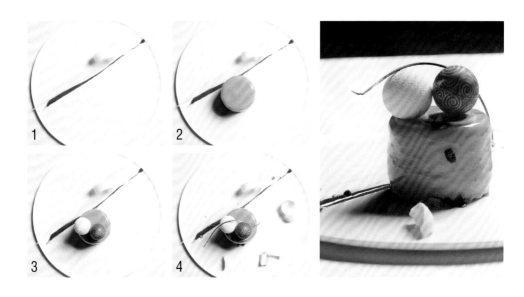

透过画盘与装饰强调粉红色与白色的和谐交融，巧克力球拨碎于盘边点缀，维持简单素材不同表现方式的极简精神。

摆盘方法

1 用汤匙挖一勺覆盆子酱，在盘中的最左边处朝两点钟的方向绘出一条细红线，再将带有立体卷曲的白巧克力片水平紧靠在覆盆子酱线条的上方。

2 把番石榴起士慕斯放在覆盆子酱线条约 1/3 点上。

3 用巧克力酱将两颗带有纹路的红白巧克力球粘在番石榴起士慕斯的上方。

4 最后把白色的巧克力球拨碎点缀在盘子的右侧留白处，并随兴撒上绿色开心果碎片，跳脱出色彩对比。

餐具哪里买 | JIA Inc.

摆盘秘诀…

在画盘时的酱料选择上，最好选择浓稠适中的酱汁，避免过稠难以带出线条，或是太过水状容易晕开，无法呈现欲表达的形貌。

餐具哪里买 ｜ IKEA

舒芙蕾蛋卷 Plating Idea 1

量大就是美的大量堆叠法

使用线条利落的长盘更能突显料理的存在感。搭配上大量的草莓，让草莓能够露出蛋卷，形成堆叠的丰富美感。最后在蛋卷皮上稍微撒上糖粉，并放上一片山萝卜叶增添不同色彩。

摆盘方法

1　将平底锅中的蛋皮平铺于盘面，蛋皮花纹要在底部，折起才会好看。

2　在蛋皮中放入大量剖半草莓，铺满整张蛋皮的面积后，再将蛋皮折起成半月形，草莓便会向外露出，呈现丰满效果。

3　撒上糖粉，增添白色的色彩，也丰富些微甜度。

4　最后在折起蛋卷皮的中央，放上山萝卜叶，加入一抹绿意。

摆盘秘诀…

在打发蛋白的时候，所使用的器具必须非常干净，没有油脂，并要以慢速搅拌，直到蛋白呈现泡沫状。用汤匙捞起蛋白，如果蛋白轻轻垂下并微微勾起即成功，如果直接滴落，表示还需要继续搅拌。

材料 ｜ 鸡蛋、面粉、新鲜草莓等

做法 ｜ 将鸡蛋中的蛋白与蛋黄分开，并将蛋白完全打发成泡沫状，加入蛋黄、面粉一起搅拌，倒入平底锅中煎熟。新鲜草莓则去掉蒂之后对半切成两半。

3

舒芙蕾蛋卷　Plating Idea 2
改变料理既定印象的摆盘法

另种摆盘则将蛋卷皮完整摊开，利用佐菜（茭白笋、甜椒、茄子、番茄）带入色彩，搭配盘缘稍带纹理的圆盘，将整道摆盘表现得像是披萨一样，彻底改变料理的既定印象！

摆盘方法

1　将已经镶上配菜的蛋卷摆入圆形的餐盘。

2　蛋皮中央撒上大量的起司粉，覆盖 2/3 左右的面积即可，不要完全盖过蛋卷，表现前后层次。

3　以交叉的方式摆上两根虾夷葱，增添蛋卷的清爽感。

餐具哪里买｜IKEA

1

2

摆盘秘诀…

咸食的舒芙蕾蛋卷可以搭配各种的食材，但因为蛋卷皮比较干燥、蓬松，故具有水分的食材就不适合加入。

315

草莓千层派酥 Plating Idea 1

糖霜圈拉出高度，香草酱带出对比

餐具哪里买 | IKEA

由于草莓千层派酥的分量颇大，故选用这个面积也较大的棕色圆盘来搭配。视觉上棕盘和食材也带有强烈的对比。

摆盘方法

1. 盘中倒入白色香草酱，并用汤匙均匀推开成圆形。把草莓千层派酥放在圆形白色香草酱的中央位置。

2. 将鲜红草莓对半剖切，交叠于千层派酥对角两侧。

3. 最后放上白色立体糖霜圈，加入摆盘焦点。

摆盘秘诀…

糖霜圈的制作方法是把糖水用160℃高温烹煮，降温至120℃左右即可直接塑形。但若未立即食用，宜立即冷藏。因为如果湿度高，若未冷藏，糖霜圈很容易崩陷，造型也会大打折扣。

3

1

2

材料 | 卡士达、奶油、面粉、盐、草莓、饼干等

做法 | 将奶油、面粉、盐与水搅拌成面团后进行擀压，擀开后烘烤熟透，即完成派皮。卡士达与打发奶油可作为内馅。依序将派皮、饼干、馅料和切片草莓叠起即可完成。

草莓千层派酥 Plating Idea 2

对切改变体积，小盘里的大分量感

运用小型的食器，也可呈现出丰富满盈的效果。将方正的千层派酥沿对角线切开，即成两个同样大小的三角形，如此一来便可减少小圆盘的视觉压力，千层派酥也更方便食用。盘面还可加入蔓越莓酱汁与巧克力饼干碎屑，加入色彩的变化！

餐具哪里买 | JIA Inc.

摆盘方法

1 将蔓越莓酱浇淋于小盘中，并拉出直线，变化酱汁造型。把草莓千层派酥对切成两三角形，让两块千层派酥交叠倚靠，营造视觉变化。千层派酥交错的角落，铺放巧克力饼干碎屑。挖一匙香草冰淇淋，放置于千层酥上。

2 在冰淇淋旁摆放一片塑形过的焦糖糖霜，即告完成。

因应蓝莓马卡龙的色彩，选用带有蓝色纹样的食器相互搭配，摆盘的呈现也可利用黄色系的饼干碎屑突显主角的色彩。加上蓝莓、蔓越莓与薄荷叶等装饰，可让视觉上呈现出活泼的亮眼色彩。

蓝莓马卡龙 Plating Idea 1

置中摆放突出焦点，斜角堆衬饼干屑

摆盘方法

1. 先在长盘的两侧的对角上，以奶油挤出两个小圆形。
2. 将饼干碎屑铺叠在奶油上。
3. 在饼干碎屑上叠放蓝莓及蔓越莓切片，让视觉更丰富缤纷。
4. 将蓝莓马卡龙置于造型盘中留白的区域，突显食器本身的蓝色图纹。
5. 最后在蓝莓、蔓越莓切片、饼干碎屑上，穿插放置几片薄荷叶作为点缀，也增添些许香气。

餐具哪里买 | 皇家哥本哈根
手绘名瓷

RECIPE

材料 | 奶油、面粉、鸡蛋、糖、杏仁糖粉、蓝莓等

做法 | 把蛋白与糖打发，拌入面粉、杏仁糖粉搅拌后，进烤箱烘烤成马卡龙饼。蓝莓馅则由蓝莓泥、鸡蛋与奶油调煮制成。在马卡龙饼中挤上蓝莓馅，再用新鲜蓝莓铺满侧边，最后盖上马卡龙饼即大功告成。

蓝莓马卡龙 Plating Idea 2

蓝莓马卡龙与香草酱相呼应，黑白相衬超华丽

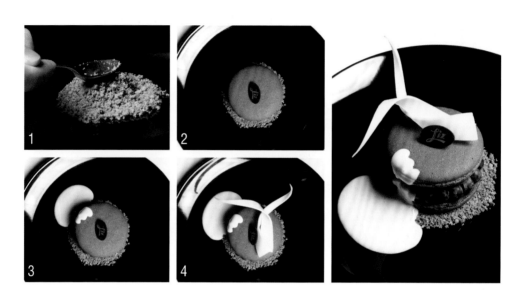

餐具哪里买 | IKEA

黑色圆盘看似不好搭配，但若设计得当却有抢眼效果。蓝莓马卡龙已经是蓝紫色系，摆盘时再运用白色香草酱及白色巧克力做视觉对比，反而让摆盘突显出难得的时尚与华丽气息。而绿色的饼干碎屑作为打底，更让黑色圆盘突显出黑亮感，令蓝莓马卡龙更加耀眼。由上浇淋的白色香草酱，刻意制造不规则的流动，沿着马卡龙外层铺淋至盘面，更让这款摆盘呈现出丰富的设计感。

摆盘方法

1 在黑色圆盘中，将绿色饼干碎屑铺放为一圆形，作为打底。

2 将蓝莓马卡龙放置于饼干碎屑铺成的圆形底座之上。

3 将白色香草酱沿着蓝莓马卡龙侧边，由上而下，浇淋至盘面，制造出流动感。

4 最后摆放一条卷曲的白色巧克力饰片，放置在蓝莓马卡龙的上方，提高整体视觉，也带出色彩差异。

草莓甜点 Plating Idea 1

黑色背景映衬，多彩风景翩然起舞

餐具哪里买 | IKEA

黑色餐盘具有反射的镜面效果，运用在摆盘设计中会很抢眼。草莓甜点本身的球体为淡黄色，搭配冰淇淋、各式水果，以及粉红色的食用花瓣和翠绿的薄荷叶，缤纷的盘面情调令人怦然心动！

摆盘方法

1　先以乳白色的香草酱，在黑色的圆盘上勾勒出波浪状的线条，几道弧线和水滴状圆点。将草莓甜点放置在盘面中略偏一侧，随后在甜点旁随意放置覆盆子、草莓、蓝莓等，撒上食用花瓣。

2　在空白处放上一匙冰淇淋，摆上薄荷叶，最后再撒上糖粉即可。

RECIPE

材料 | 玉米粉、糯米粉、糖、沙拉油、草莓果酱等

做法 | 草莓甜点的制作方法是把玉米粉、糯米粉、糖及沙拉油揉和成面团，制作成类似芝麻球的饼皮，包覆住草莓果酱后下锅油炸即可。吃的时候会有爆浆的效果，果酱从中汩汩流出。再搭配冰淇淋一起享用，是相当过瘾而挑动味蕾的一道甜点。

草莓甜点 Plating Idea 2

食器纹样衬托缤纷气息

食器本身已具有精致的图绘，因此在摆盘设计上，可以盘面中的红色为主色。为了加强红色的意象，刻意保留食用花的原貌，直接放上作为点缀。另可运用暗红色的综合莓果酱汁烘托冰淇淋的色彩。

餐具哪里买 | 皇家哥本哈根手绘名瓷

摆盘方法

1 把香草酱在盘面中无图纹的区域推成圆形，放上草莓甜点，周围放上草莓、覆盆子、蓝莓等水果。

2 盘面留白的部分，以综合莓果酱汁，勾画出大小不一的三个圆点。在盘面最外侧的空白处放上一朵完整的食用花。最后把一匙香草冰淇淋压放在综合莓果酱上，在水果堆中放上翠绿的薄荷叶点缀，烘托出红绿色调的鲜明对比。

1

2

材料｜莱姆、凤梨、香吉士、椰奶、小西米、糖、荔枝果泥、动物鲜奶油等

做法｜先把香吉士皮取下，与新鲜无糖的椰奶、动物鲜奶油及小西米混拌成柳橙西米露。再将凤梨与莱姆皮用少许糖腌制，保留凤梨原本的酸甜；并利用进口荔枝果泥做成寒天冻，使其层层堆叠出极适合夏日饮用的凉品。

夏日莱姆凤梨 Plating Idea 1
透明底座营造主题情境

由于亚克力柱本身具有良好的透光性，光线映射时可展现出晶莹透明的视觉效果。三座高矮不同的亚克力柱，衬托出摆盘的立体高度，适合酒会派对等场合使用。

摆盘方法

1 先将三个高矮不同的亚克力柱，以前低后高的方式摆放于方盘上。

2 将盛装于鸡尾酒杯的主角夏日莱姆凤梨放在最高的亚克力柱上。将一支裹有金箔的巧克力棒斜架于酒杯上，增加精致奢华感。

3 再将马卡龙摆放在中低亚克力柱上。

夏日莱姆凤梨 Plating Idea 2
轻松上桌的夏日甜点

小盘面的空间可以利用堆叠的方式创造出立体塔状，将水果集中放置，不需要特殊的模具或器皿，就能轻松表现夏日的沁凉口感。

摆盘方法

1 取适量莱姆凤梨在盘面中央堆叠成小山状。

2 将柳橙西米在外围随兴画出圆环，并加入荔枝寒天冻与草莓丁带出第二层色彩。

3 将烤至深色的凤梨片压在上方平衡色彩。

4 最后加入凤梨块与山萝卜叶点缀。

餐具哪里买 | 八方新气、一般餐具行

餐具哪里买 | JIA Inc.

双泡芙拥有矮胖的外形，摆盘特别加入缤纷的水果丁将双泡芙围绕其中，并点缀上粉红色的巧克力爱心，象征沐浴在多姿多彩的甜蜜爱河中。顶端更加入金箔点缀，成为视觉的吸睛亮点！

双泡芙 Plating Idea 1
水果丁混搭超可爱粉红少女心

摆盘方法

1　先在浅汤碗中用香草酱勾勒出一个空心圆形。

2　摆放凤梨与奇异果丁，围绕铺放在香草酱上。

3　加入水蜜桃、草莓与樱桃。

4　最后将顶端带有金箔的双泡芙放置在中央，并在水果丁中，错落地加入粉红色的心形巧克力片点缀，浪漫可爱的摆盘即告完成！

餐具哪里买｜IKEA

RECIPE

材料｜奶油、面粉、蛋黄、卡士达酱等

做法｜以水及奶油、面粉、蛋黄制作面团，将面团烘焙使其膨胀后，于内部空洞处填补卡士达酱或奶油。做成一大一小的泡芙后，再于两者交接处点上奶油作为点缀即可。

双泡芙 Plating Idea 2

如画盘面，展现童心趣味

餐具哪里买｜ JIA Inc.

摆盘使用白色的圆形平盘，在设计上采用了生日蛋糕式的喜庆氛围摆盘，突显双泡芙的可爱及香甜口感。整体色系以橙色与黄色为主，呼应双泡芙的奶油色主体及顶端的金箔，让人垂涎欲滴。在盘中加入冰淇淋及柠檬片，除了和双泡芙的高度相互搭配外，更增加了酸酸甜甜的口感层次。

摆盘方法

1 先将饼干碎屑以直线方式铺于圆盘中间，将圆盘一分为二。

2 将圆盘一侧的半圆形中铺满橘子酱。沿着盘缘铺放橘子片及蓝莓，交错放置，围绕圆盘的盘缘，围成一个大圆形。

3 将双泡芙置于另一侧的半圆形中。

4 在铺满橘子酱的半圆形中放上一个冰淇淋球，再放置柠檬片即可。

焦糖咖啡蛋糕 Plating Idea 1
点点创意大秀波普风

餐具哪里买 | JIA Inc.

焦糖咖啡蛋糕的波浪弯曲造型具有跃动感，因此可在盘中加入大小不一的红黄色点，充满活泼与谐趣，仿佛一幅波普现代画。

摆盘方法

1 用黄色焦糖酱汁在盘面点出大小不一的色点，再以蔓越莓酱汁持续加入圆点造型，增加繁簇感。注意色点的数量与位置，以免相互重叠或使盘面太过杂乱。

2 最后在圆盘中央，放上焦糖咖啡蛋糕，轻松完成本道摆盘。

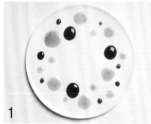

1

2

RECIPE

材料 | 咖啡豆、可可粉、牛奶、奶油、吉利丁、鸡蛋、砂糖、面粉、核桃等

做法 | 先将咖啡豆磨成粉，加入牛奶与奶油煮滚备用。将鸡蛋和砂糖打发后，加入面粉与咖啡液，平抹在烤盘上，再撒上核桃一起烘烤。之后，咖啡豆磨粉，加入牛奶煮滚降温滤渣，再煮成咖啡蛋奶酱，加入吉利丁与打发鲜奶油搅拌均匀，灌入模具中，再放置蛋糕底进冰箱定型。

焦糖咖啡蛋糕 Plating Idea 2

跃动视线的色滴摆盘

由于盘面已带有精致的图纹，因此在摆盘设计时可依盘面留白处进行变化。利用开心果与蔓越莓酱画出线条，与蛋糕的波浪弧线形成呼应。蛋糕后方则加入挖空设计的长条巧克力片，提升整体摆盘的高度。

餐具哪里买｜皇家哥本哈根手绘名瓷

摆盘方法

1. 用开心果酱及蔓越莓酱，在盘中间隔地拉出水滴状的横线。把焦糖咖啡蛋糕摆放在中央。

2. 侧边再立起一长方形巧克力片。留白的区域，放上一个香草冰淇淋球，并放上橙皮与薄荷叶片，增加清香气息。

摆盘秘诀…

由于焦糖咖啡蛋糕已经是波浪造型，摆盘设计时可以改用几何线条来搭配，整道摆盘会显得较为清爽。

1

2

选择一片纹理明显的黑色瓷转，摆放上长条状的甜点，由
于餐具与食材整体色彩偏重，因此以金色的巧克力酱画盘
点缀，并刻意将手指马斯卡朋断开，透出内部的乳白色彩。
整体的摆盘色彩呈现出重轻重的色彩节奏，下方一抹华丽
的金面画盘，不只延伸盘面的视觉动线，更将本道甜品的
美好想象带进了心里！

咖啡手指马斯卡朋 Plating Idea 1

黑面巧搭金色，沉稳配色映奢华

摆盘方法

1 将一块手指马斯卡朋做斜面切割，与另一块在盘面左侧交叠出"人"字形，并取金黄色巧克力淋酱在下方画出一条线。由于蛋糕底层有薄薄的蓝莓馅，因此在上方放上两颗完整的蓝莓点缀呼应。

2 将波浪形的巧克力饰片斜放在甜点上方，利用摆放的交错方向增添灵动的线条感。取咖啡豆点缀于蛋糕上以及盘面留白处，最后随兴地点上金箔，一道简约却不失精致的摆盘便华丽登场。

餐具哪里买｜俊欣行

RECIPE

材料｜榛果牛奶巧克力、野生小蓝莓果馅、马斯卡朋轻慕斯、榛果裘康蛋糕等

做法｜将榛果裘康蛋糕夹上蓝莓果馅与马斯卡朋轻慕斯，并于外层淋上榛果牛奶巧克力，呈现出长条状的甜点外观。

咖啡手指马斯卡朋　Plating Idea 2

保鲜膜妙用，画盘绘出浓淡层次

挑选一个架高的白色长盘，将马斯卡朋侧立摆放在长盘的左侧，营造出长方造型的向上堆叠。马斯卡朋的上方，再摆放上巧克力缎带饰片与马卡龙的不同造型装饰。盘面的右方，可加入画盘的表现，若入门者对画盘感到没信心，也可运用随手可得的保鲜膜作为媒介，轻松在盘面上带出具有浓淡变化的线条。

摆盘方法

1. 先将巧克力酱滴于盘面右边，把一段保鲜膜揉成团状后放置于巧克力酱上，轻轻从右向左带出自然分明的美丽线条。
2. 将两块手指马斯卡朋放置于盘面左侧。
3. 在手指马斯卡朋上挤上巧克力酱，使巧克力的马卡龙可立放于其上。
4. 再将一块黄色的马卡龙平放于另一端，增色的同时撑起巧克力缎带饰片。
5. 最后取适量金箔点缀，此道立体层次鲜明的甜点摆盘即完成。

摆盘秘诀…

在甜点摆盘中，若欲加入易滚动的球形食材装饰点缀时，可运用巧克力酱作为黏着的介质，让甜点可以稳稳地固定于想要呈现的位置。

材料｜卡士达、奶油、面粉、糖、鸡蛋、杏仁粉、水果、樱桃酱等
做法｜将奶油、面粉、糖与鸡蛋制成的塔皮，与杏仁粉、奶油、鸡蛋一起烘烤。馅料使用卡士达、水果、樱桃酱等，堆叠成塔状即告完成。

水果塔 Plating Idea 1
动态飘逸的水果派对

水果塔不但可以堆叠高度，盘面也可以更加强调线条与颜色。利用纯白的方盘便能突显出这些特点，并与水果的曲线进行对比。

摆盘方法

1 用葡萄酱勾勒出波浪状的弯曲线条，并加入大小红点的蔓越莓酱。

2 于圆盘正中央位置堆放水果塔。

3 将透明的白酒冻，错落放置于弯曲线条与圆点之间。

4 最后在方盘的一角，叠放草莓及奇异果切片，并加上蔓越莓当作点缀。

水果塔 Plating Idea 2
透明玻璃盘 巧搭浓艳果色

玻璃盘可以带来清爽沉静的感觉，适合用于水果与冷盘类的料理。在放上水果塔之前，可以先在圆形盘面中画出长条开心果酱汁的交错线，以增加视觉的稳定感。

摆盘方法

1 使用翠绿的开心果酱画出两条交错线。

2 在线条交会处堆放水果塔。

3 玻璃盘缘处可放置几粒蔓越莓，稳定视觉色彩。

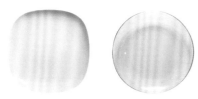

餐具哪里买｜IKEA

摆盘秘诀…

白酒冻的制作方法：先将水与糖一同煮滚后，加入白酒，再放入泡软的吉利丁，使其凝结成冻即可。

抹茶香蕉提拉米苏　Plating Idea 1

巧妙彩绘，创造插画风盘景

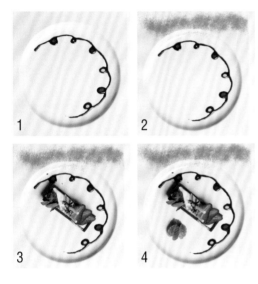

甜点的调性通常会比较活泼，透过斜放的蛋糕，集中在一侧的抹茶粉，以及薄荷叶的点缀，巧妙地达到视觉的平衡。甜点的摆盘有时会因为色彩的多样呈现而显得找不到焦点，此时便可灵活运用盘饰色彩，引导出视觉中心。

摆盘方法

1　顺着盘身内凹处的弧度，以巧克力酱画出大半个圆的曲线，在曲线的圆圈中注入草莓酱与薄荷酱。
2　在盘子的一端以抹茶粉撒出一条宽直线，以增添画盘的色彩丰富度。
3　放上事先制作好的抹茶香蕉提拉米苏。
4　最后在盘面空缺处摆上新鲜薄荷叶，除了解腻以外，也填补了盘面的空间。

餐具哪里买｜特别订制

材料｜Lo rose noire 饼塔、巧克力片、草莓、起司、香蕉、装饰叶片等

做法｜将香蕉馅铺在饼塔内，灌入打发的起司，插上装饰叶片以及新鲜草莓等，做成抹茶香蕉提拉米苏甜点。

餐具哪里买 | REVOL

抹茶香蕉提拉米苏　Plating Idea 2

粗犷黑盘撒印酷感风格字体

摆盘的设计除了可以画盘，也能加入文字，传达出做菜者的心意。此道甜点以白色糖粉作为写入文字的媒介，为了衬出色彩对比，选用黑色的长方形岩盘。

摆盘方法

1　在纸板上按所需文字挖空成印版，再将纸印版斜放在黑色岩盘的中间，撒上白色糖粉后便可显露出文字。

2　将事先制作好的抹茶香蕉提拉米苏置放在盘身的左上方。利用文字信息分割盘面，并将新鲜的薄荷叶摆放在右下方，与甜点互相呼应。最后于甜点的左下方撒上抹茶粉，撒成圆形，增加甜点风味，也丰富盘面色调。

摆盘大师的
美味基地

依店名首字笔画（繁体）或外文字母排列

千群台食文化料理
主厨戴立承

台北市中山区建国北路一段 142 号
02-2503-2828

山兰居 X 初衣食午
厨艺总监兰惟涵

台北市大安区大安路一段 92 号
02-8773-0115

北投丽禧温泉酒店　雍翠庭
主厨林祺丰，副主厨江文荣、林宗懋

台北市北投区幽雅路 30 号
02-2896-7799

亚都丽致集团　点心房
主厨苏益洲

台北市中山区民权东路二段 41 号
02-2597-1234

草莓千层派酥 ｜ P316
蓝莓马卡龙 ｜ P318
双泡芙 ｜ P326
焦糖咖啡蛋糕 ｜ P330
水果塔 ｜ P337

台北国宾大饭店
A Cut Steakhouse
主厨凌维廉

台北市中山区中山北路二段 63 号 B1 楼
02-2100-2100 分机 2268

生牛肉塔塔 ｜ P056
香煎笋壳鱼 ｜ P057
烟熏鲑鱼 ｜ P058
香煎明虾 ｜ P059
恰恰沙拉 ｜ P064
香煎鸭肝 ｜ P068
蚕豆汤 ｜ P069
干式熟成鸭胸 ｜ P108

台北国宾大饭店　粤菜厅
行政主厨林建龙

台北市中山区中山北路二段 63 号 2 楼
02-2100-2100 分机 2370

菠萝咕咾肉 ｜ P120
松茸扒芥菜 ｜ P126
白灼嫩牛肉 ｜ P218
XO 酱萝卜糕 ｜ P253
古法麒麟蒸红条 ｜ P258

西华饭店
KOUMA 日本料理 小马
料理长和知军雄

台北市民生东路三段 111 号 B1 楼
02-2718-1188 转 KOUMA 日本料理 小马

炸牛肉｜P156
烤味噌鲭鱼｜P197
寿喜烧牛肉丼｜P215
鲑鱼卵丼饭｜P292
综合生鱼片｜P298

青青餐厅
主厨陈肇峰

新北市土城区中央路三段 6 号
02-2269-1127

香煎马头鱼｜P080
炒海瓜子｜P117
炸豆腐｜P148
枸杞水沙虾｜P240

崧宴日式创意轻食
执行总监丁子洲

台北市中山区八德路二段 194 号
02-2773-3002

风味串烧｜P178
日式烤鲜鱼｜P186
雄虾明太子烧｜P189
创意焗烤｜P190
鲍鱼薄造｜P291

华洋手创
厨艺总监黄品棠

台北市松山区敦化南路一段 7 号
02-2579-1213

蒙古骰子牛丨P086
大漠风沙无锡排丨P154
珍宝腊肉饭丨P246
八味鱼生丨P268
隔墙有耳丨P270

开饭川食堂
执行长林王铭

台北市忠孝东路五段 8 号 7F（阪急店）
02-2758-5358
台北市大安区忠孝东路四段 98 号 7F（忠孝店）
02-8771-6238
台北市大同区承德路一段 1 号 B3F（京站店）
02-2556-5788

剁椒牛肉丨P118
大口霸王骨丨P165
二刀白肉丨P232
豆酥鳕鱼丨P245
川椒皮蛋豆腐丨P274

新竹喜来登大饭店　点心房
主厨黄泛伟

新竹县竹北市光明六路东一段 265 号
03-620-6000

番石榴起士慕斯丨P310
夏日莱姆凤梨丨P325
咖啡手指马斯卡朋丨P332

Index

全书主厨

暹厨泰式料理
主厨李明芒

台北市大安区安和路二段 231 号（安和店）
02-2732-8398
台北市中山区吉林路 39 号（吉林店）
02-2521-8398

打抛猪肉 ｜ P124
月亮虾饼 ｜ P158
酸辣炸牡蛎 ｜ P160
咖喱南瓜牛肉 ｜ P236
酸辣拌海鲜 ｜ P280

麟手创
主厨邱清泽

宜兰市泰山区 58-2 号
03-9368-658

南乳鸡腿 ｜ P076
五行美白菇 ｜ P144
烤香鱼 ｜ P170
XO 酱泡面 ｜ P206
主厨肉燕汤 ｜ P208

DN innovación
行政主厨 Daniel Negreira

台北市信义区松仁路 93 号
02-8780-1155

秋季鹅肝鸡尾酒 ｜ P114
酥炸北海岸地震鱼 "科尔多瓦" 风味 ｜ P168
油封乳猪肋排佐番茄·紫苏衬松露 ｜ P184
巨型鲜虾衬坚果·"原味酱汁" ｜ P185
里奥哈红酒慢炖牛尾 ｜ P200
西班牙瓦伦西亚风味炖饭 ｜ P216
鼎恩版本宫保鸡丁 ｜ P217
槟榔树心衬迷你红虾塔塔 ｜ P234
浓郁墨鱼炖饭佐嫩煎章鱼·西班牙 ajada 红椒粉 ｜ P235
"马拉加" 风味杏仁冷汤 ｜ P302

Hana 锇铁板烧
主厨李后得

台北市中山区农安街 32 号 2 楼
02-2596-7204

干煎鲍鱼 | P030
干贝佐鱼子酱 | P032
烟熏鲑鱼 | P034
培根干贝佐炸姜丝 | P036
菠菜福袋 | P038
松露蒸蛋佐鹅肝与鱼子酱 | P040

Joyce East
主厨邱奕杰

台北市信义区信义路五段 128 号 1 楼
02-8789-6128

香煎石斑佐豌豆仁酱 | P110
虎斑明虾意大利面 | P132
墨鱼饭佐明虾 | P136
芥末籽烤春鸡 | P192
松露红酒炖羊膝 | P210

L'Air café néo-bistro 风流小馆
主厨游育甄

台北市金华街 164 巷 5 号
02-3343-3937

海鱼胭脂虾与小卷 | P090
巴斯克炖鸡 | P223
海胆蒸蛋佐黄柠柚白酒泡沫 | P260
干贝薄片松露蛋碎 | P288
草莓甜点 | P322

L'ATELIER de Joël Robuchon
台北驻店主厨 Olivier JEAN

台北市信义区松仁路 28 号 5 楼
02-8729-2628

季节时蔬衬香煎鸡肉 | P082
板烧乌贼镶时蔬搭配西班牙腊肠与小辣椒 | P104
章鱼薄片佐鲑鱼卵及柠檬油醋 | P282

Rue216 法式小酒馆
主厨徐嘉阳

台北市大安区仁爱路四段 345 巷 4 弄 12 号
02-2711-3450

炸薯条配起司酱 | P150
樱桃烤鸭串 | P174
起司海鲜炖饭 | P224
鲜虾薯泥球 | P250
舒芙蕾蛋卷 | P314

SEASON Artisan Pâtissier
创意总监洪守成

台北市敦化南路一段 295 巷 16 号
02-2708-5299

炸岩石 | P054
四小福 | P061
烤面包 | P063
综合饼干 | P066

Stream Restaurant & Lounge
行政主厨罗政铭

台北市信义区松寿路 12 号 10F
02-7737-8858

Thomas Chien 法式餐厅
厨艺总监简天才

高雄市前镇区成功二路 11 号
07-5369-436

SHOP LIST
首选食器品牌索引

八方新气
www.new-chi.com
02-8773-8369

全球餐具
02-8677-7200

亚商大地
www.aglc.com.tw
02-2547-2900

昆庭
www.ddbrothers.com
02-2586-9889

俊欣行
www.justshine.com.tw
02-2790-5151

皇家哥本哈根手绘名瓷
www.royalcopenhagen.com.tw
02-2706-0084

IKEA
www.ikea.com/tw
02-2276-5388

JIA Inc.
www.jia-inc.com
02-2834-3377

LEGLE
www.legle.asia/tw

mad L
www.facebook.com/madL.art
02-2933-2369

nest 巢·家居
www.nestcollection.tw

PEKOE 食品杂货铺
www.pekoe.com.tw
02-2700-2890

Prime Collection
www.prime.com.tw
02-2762-2202

RAK
www.rakporcelain.com

Wedgwood
www.wedgwood.com.tw

《料理摆盘：超简明技法图解事典》
中文简体字版 © 2015 由河南科学技术出版社发行

本书经由北京玉流文化传播有限责任公司代理，台湾城邦文化事业股份有限公司麦浩斯出版事业部授权，
同意经由河南科学技术出版社出版中文简体字版书。非经书面同意，不得以任何形式任意重制、转载。

豫著许可备字 –2015–A–00000294

图书在版编目（CIP）数据

料理摆盘：超简明技法图解事典/La Vie编辑部著.—郑州：河南科学技术出版社，2015.7
（2018.9重印）
　　ISBN 978-7-5349-7830-2

Ⅰ.①料… Ⅱ.①L… Ⅲ.①拼盘－菜谱 Ⅳ.①TS972.114

中国版本图书馆CIP数据核字(2015)第127483号

出版发行：河南科学技术出版社
　　　　　　地址：郑州市经五路66号　　邮编：450002
　　　　　　电话：（0371）65737028　65788613
　　　　　　网址：www.hnstp.cn
责任编辑：冯　英
责任校对：张　敏
责任印制：朱　飞
印　　刷：广东省博罗园洲勤达印务有限公司
经　　销：全国新华书店
幅面尺寸：170mm×230mm　**印张：**22　**字数：**350千字
版　　次：2015年7月第1版　2018年9月第4次印刷
定　　价：88.00元

如发现印、装质量问题，影响阅读，请与出版社联系。